果蔬商品生产新技术丛书

提高苹果商品性栽培技术问答

主 编

于 毅 张安盛

编著者

于 毅 王少敏 王宏伟

王来平 王宝亮 刘 涛

张安盛 门兴元 李丽莉

张思聪

金盾出版社

内 容 提 要

我国是世界苹果生产的第一大国,面积和产量均居世界首位,但是果品质量却同发达国家有较大差距。栽培技术的改进和完善是提高苹果质量和商品性的重要措施。本书通过问答形式,系统介绍了提高苹果商品性相关的栽培技术,内容包括:当前苹果生产现状、优良品种、育苗技术、建园方法、土肥水管理、整形修剪、花果管理、果实套袋、果园生草、采收与贮藏、病虫害防治等内容。本书内容丰富,科学实用,可供广大果农、园艺工作者阅读参考。

图书在版编目(CIP)数据

提高苹果商品性栽培技术问答/于毅,张安盛主编.—北京:金盾出版社,2010.1

(果蔬商品生产新技术丛书)

ISBN 978-7-5082-6087-7

Ⅰ.①提… Ⅱ.①于…②张… Ⅲ.①苹果—果树园艺—问答 Ⅳ.①S661.1-44

中国版本图书馆 CIP 数据核字(2009)第 206143 号

金盾出版社出版、总发行

北京太平路 5 号(地铁万寿路站往南)

邮政编码:100036 电话:68214039 83219215

传真:68276683 网址:www.jdcbs.cn

封面印刷:北京精美彩色印刷有限公司

正文印刷:北京印刷一厂

装订:兴浩装订厂

各地新华书店经销

开本:850×1168 1/32 印张:5.5 字数:141 千字

2010 年 1 月第 1 版第 1 次印刷

印数:1~10 000 册 定价:10.00 元

目　录

一、概　述

1. 世界苹果生产状况如何?

目前,世界上共有6大洲84个国家生产苹果,栽培总面积约为563万公顷,总产量约6200万吨,分别占世界水果总面积和总产量的11.2%和12.4%。总体来看,苹果的栽培面积正在减少,而产量却因新栽果树的大量结果而逐年增加。世界苹果主产区主要集中在亚洲、欧洲、北美洲,占世界苹果总产量的90%。苹果产量超过100万吨的国家有11个,依次为中国、美国、土耳其、法国、伊朗、意大利、波兰、俄罗斯、德国、印度和阿根廷,以上国家苹果总产量4300万吨,占世界苹果总产量的69.4%。中国和南美是近20年来苹果发展最快的国家和地区。从苹果的消费量来看,一些发展中国家(如中国)人均苹果消费量逐年增加,美国消费量基本上保持平稳,而一些欧洲国家消费量则呈下降趋势。

2. 我国苹果生产在世界苹果生产中居什么地位?

我国是世界苹果生产第一大国,目前苹果栽培面积近197万公顷,约为2950万亩,2008年总产量已达2850万吨,分别占世界苹果总面积和总产量的48%和45%,均居世界首位。目前,我国苹果的主栽品种是红富士、元帅系、金冠、秦冠和乔纳金等品种(约占75%)。总体上看,我国正在由世界苹果生产大国向产业强国迈进,规模优势日益突出,市场竞争优势日益显现,但在苹果优良品种育种、栽培标准化、产后商品化处理、气调贮藏、营销能力及组织化程度等方面,与世界先进水平还有较大差距。

3. 我国有哪些苹果主产区？各有什么特点？

我国拥有世界上最大最好的苹果适宜产区。苹果生产近年来发展迅猛，全国现已形成三大主产区：渤海湾产区、黄土高原产区、黄河故道和秦岭北麓产区。

(1)渤海湾优势产区　该区域包括胶东半岛、泰沂山区、辽南及辽西部分地区、燕山、太行山浅山丘陵区，包括 53 个苹果重点县市(山东 25 个、辽宁 14 个、河北 14 个)，是我国苹果栽培历史最早，产业化水平较高的地区。该区域地理位置优越，品种资源丰富；沿海地区夏季冷凉、秋季长，光照充足，是我国晚熟品种的最大生产区，泰沂山区生长季节气温较高，有利于中早熟苹果品种提早成熟上市；燕山、太行山浅山丘陵区光热资源充足，是富士苹果集中产区。该区 2007 年苹果面积 66.2 万公顷，产量 1 124 万吨，分别占全国的 34% 和 40%；苹果出口量 55.15 万吨，占全国的 54%，出口额 3.39 亿美元，占全国的 66%；苹果浓缩汁出口额和出口量均占全国的 20%。

该区功能定位：胶东半岛、辽南以及太行山浅山丘陵区是晚熟苹果生产区，以发展优质红富士苹果为主，主攻国内外高档果品市场，同时发展其他中晚熟品种，满足国内及东南亚市场需求；泰沂山区、燕山丘陵及辽西重点发展中、早熟品种，适量发展晚熟品种，加大苹果深加工发展力度，提高产业整体效益。

(2)黄土高原优势区　黄土高原优势区包括陕西渭北和陕北南部地区、山西晋南和晋中、河南三门峡地区和甘肃的陇东及陇南地区，包括 69 个苹果重点县市(陕西 28 个，甘肃 18 个、山西 20 个，河南 3 个)。该区域生态条件优越，海拔高，光照充足，昼夜温差大，土层深厚；生产规模大，集中连片，发展潜力大。以陕西渭北为中心的西北黄土高原地区是我国最重要的优质晚熟品种生产基地和绿色、有机苹果生产基地;陇东、陇南及晋中等地区湿度适宜,是我国重要的优质元帅系品种集中产区;核心区周边及低海拔地区是加工苹果的良好生产基地。该区 2007 年苹果面积 102.5 万公顷,占全国的 52%,总产量 1384 万吨,占全国的 49.7%;苹果浓缩汁出口量和出口额分别达到 68.8 万吨、8.07 亿美元,均占全国的 65%,但鲜食苹果出口量和出口额仅占全国的 4.3% 和 4.9%。

该区功能定位:陕西渭北和陕北南部、陇东等黄土高原中心产区,以生产优质晚熟的鲜食苹果为主,主攻国内外优质高档果品市场;渭北南部、晋中和晋南及豫西等地区,积极发展优质中熟和中晚熟品种,加快加工鲜食兼用品种的发展;在天水、陇南地区重点发展元帅系品种。

(3)黄河故道和秦岭北麓产区 黄河故道主要包括豫东、鲁西南、苏北和皖北,苹果栽培面积和产量分别占到全国的 15% 和 16%。近年秦岭北麓果区面积增长慢,而黄河故道果区则呈显著增长。

4. 目前,我国苹果生产中存在的主要问题是什么?

(1)主要问题

①目前,苹果生产中政府引导力度不够,缺乏大型龙头企业的带动,科研成果物化进展缓慢。

②我国与苹果有关的某些标准体系存在技术落后、未与国际接轨的问题,不利于苹果产业的标准化和规范化发展。

③果农文化素质参差不齐,管理水平偏低,技术更新滞后。

④栽培面积过大,布局不合理。品种单一,结构不合理,市场竞争力差,老品种更新慢,早、中、晚熟品种比例失调。

⑤适地适栽原则坚持不够,次适宜区和非适宜区也有大量发展,造成果品质量差,效益低,缺乏国内国际市场竞争力。

(2)解决措施

①加大政府政策支持和资金的投入力度,加强龙头企业的带

动作用,积极探索公司＋基地＋农户等多元化生产模式,快速推进科技成果"三下乡"。

②加强无公害果品、绿色果品生产关键技术研究,提高质量安全、农药残留和有害元素含量快速检测技术及无损检测技术的研究与开发。促进苹果产业的标准化和规范化发展。

③加强果农文化素质教育,增强其无公害果品、绿色果品生产意识,提高无公害果品、绿色果品生产技术。

④优化品种结构,加强果园改造和良种推广。

⑤充分发挥地域自然优势和品种优势,实行适地适栽,优化栽培布局,因地制宜分类指导,加速优质基地建设。

5. 我国苹果生产发展的方向是什么?

在全球可持续发展战略的指导下,苹果生产必须走生态农业的道路。在生态保护和建设的基础上,运用循环经济的理念,采用清洁生产方式和无污染果品综合技术,生产出优质、营养、安全的绿色苹果和有机苹果,是我国苹果生产发展的方向。

6. 什么是绿色苹果? 绿色苹果的标准是什么?

(1)绿色苹果、有机苹果的含义 我国绿色苹果分为 AA 级绿色苹果(有机菜果)和 A 级绿色苹果两个级别。

①AA 级绿色苹果 指在生态环境质量上符合中华人民共和国农业行业标准 NY/T391-2000 要求,生产过程中不使用化学合成物资,按特定的生产操作规程生产、加工,产品质量及包装经检测、检查符合特定标准,并经中国绿色食品发展中心认定,许可使用 AA 级绿色食品标志的苹果。

②A 级绿色苹果 指在生态环境质量上符合符合中华人民共和国农业行业标准 NY/T391-2000 要求,生产过程允许限量使用限定的化学合成物质,按特定生产操作规程生产、加工,产品质量

及包装经检测、检查符合特定标准,并经中国绿色食品发展中心认定,许可使用 A 级绿色食品标志的苹果。

(2)绿色苹果的标准 绿色苹果标准以全程质量控制为核心,由以下几个部分构成:绿色苹果产地环境质量标准、绿色苹果生产技术标准、绿色苹果产品标准、绿色苹果包装标签标准和其他相关标准。该标准对绿色苹果产前、产中和产后全过程质量控制技术和指标做了全面的规定,构成了一个科学、完整的标准体系。

①AA 级绿色苹果大气环境质量评价,采用国家大气环境质量标准 GB3095-82 中所列的一级标准;农田灌溉用水评价,采用国家农田灌溉水质标准 GB5084-92;土壤评价采用该土壤类型背景值的算术平均值加 2 倍标准差。

A 级绿色苹果的环境质量评价标准与 AA 级绿色苹果相同,但其评价方法采用综合污染指数法,绿色苹果产地的大气、土壤和水等各项环境监测指标的综合污染指数均不得超过 1。

②AA 级绿色苹果在生产过程中禁止使用任何有害化学合成肥料、化学农药及化学合成食品添加剂。其评价标准采用《生产绿色食品的农药使用准则》、《生产绿色食品的肥料使用准则》及有关地区的《绿色食品生产操作规程》相应条款。

A 级绿色苹果在生产过程中允许限量使用限定的化学合成物质,其评价标准采用《生产绿色食品的农药使用标准》、《生产绿色食品的肥料使用标准》及有关地区的《绿色食品生产操作规程》相应条款。

③AA 级绿色苹果中各种化学合成农药及合成食品添加剂均不得检出,其他指标应达到农业部 A 级绿色食品产品行业标准(NY/T268-95 至 NY/T292-95)。A 级绿色苹果采用农业部 A 级绿色食品产品行业标准(NY/T268-95 至 NY/T292-95)。

④AA 级绿色苹果包装评价采用有关包装材料的国家标准、国家食品标签通用标准(GB7718-94)、农业部发布的《绿色食品标

志设计标准手册》及其他有关规定。绿色食品标志与标准字体为绿色,底色为白色。

A级绿色苹果包装评价采用有关包装材料的国家标准、国家食品标签通用标准(GB7718-94)及农业部发布的《绿色食品标志设计标准手册》及其他有关规定。绿色苹果标志与标准字体为白色,底色为绿色。

⑤绿色苹果产品标签,除符合国家《食品标签通用标准》要求外,还应符合《中国绿色食品商标标志设计使用规范手册》要求。凡取得绿色食品标志使用资格的单位,应严格按照手册要求将绿色食品标志用于产品的标签上。该手册对绿色食品标准图形、标准字形、图形与字体的规范组合、标准色和编号规范等均做了严格规定。

二、品种选择

1. 欧洲苹果品种状况及发展趋势如何？

目前，世界苹果品种更新换代加快，主栽传统品种的比例逐步下降。欧洲是世界苹果生产主产区之一，也是世界上栽培苹果较普遍的地区，年产量超过 100 万吨的国家有：俄罗斯、意大利、法国和波兰。2002 年，欧洲苹果栽培面积约为 156.9 万公顷。2005 年欧洲苹果总产量约为 1 200 万吨，2007 年欧洲苹果总产量为 1 395 万吨，占世界苹果总产量的 21.71%。根据世界苹果和梨组织提供的数据（World Apple and Pear Association），2008 年欧洲苹果产量为 1 150.57 万吨，该组织预测 2009 年欧洲苹果产量为 1 075.3 万吨，较 2008 年下降 7%。

金冠现在仍然是欧洲栽培最大的苹果品种，占总产量的 22%（其产量占世界金冠总产量的 40%），嘎拉占近 10%，乔纳金占 6%，红元帅约占 6%；另外，澳洲青苹、旭、罗马、艾尔斯塔、富士在欧洲也占有相当的比例。

2. 美国苹果品种状况及发展趋势如何？

美国是世界苹果产业的主产区之一，2007 年美国苹果栽培面积 15.6 万公顷，产量 423.77 万吨。

美国以元帅系、金冠和富士作为主栽品种，约占总产量的一半以上。随着人们的食用喜好，以及市场对鲜食、加工、出口的需求变化，以及随着人们生活水平的不断提高和新品种的出现，近年来引入澳洲青苹、富士和嘎拉、勃瑞本（Breabum）之后，元帅系种植比例下降。

预计到 2010 年,美国苹果的栽培品种中元帅系和金帅将减少,富士、勃瑞本(Breabum)、嘎拉、王林将增加,陆奥也有少量增加。品种的构成将是:元帅系 22%～26%,金帅在 10% 以下,富士、勃瑞本占 18%～22%,嘎拉不超过 5%。黄色品种中的王林、静香、美酿等占 10%～15%,其他品种为 22%～35%。

3. 日本苹果品种状况及发展趋势如何?

日本栽培苹果已有 120 多年的历史,总面积已达 5 余万公顷,日本 2007 年的苹果产量为 84 万吨。主要分布在青森(约占 50%)、长野、岩手、山形和秋田 5 个县。

日本苹果栽培历史上共进行过 4 次品种更新。20 世纪 50 年代金冠和印度代替了部分国光和红玉;60 年代推广了红星和陆奥;70 年代推广富士、津轻和世界一;80 年代以来,元帅系逐步被红富士、北斗、乔纳金和王林所取代;90 年代富士的产量已占 50.86%,津轻 13.67%,王林 6.92%,乔纳金 5.26%,元帅系 7.56%。近几年,日本又推出了北海道 9 号(富土×津轻)、静香(金帅×印度)、早生富士(弥贵)、新世界(富士×群马 7 号)、红王将、高龄(红金实生苗中选出)以及富士系中的新秀——嘎富、2001 富士、乐乐富士等新品种。

日本栽培苹果成熟期构成方面,晚熟的占 49%,中晚熟的 33%,中熟的 10%,其他 8%。

日本目前以富士、津轻、王林、乔纳金作为四大主栽品种,约占 87.4%。日本全国富士苹果的总面积和总产量都占全国的 50%。但从近 5 年的情况看,富士比例不再上升,以富士为亲本的新品种及富士优系,不断选育出来,这些品种都有某些超过富士的特点。日本可能又一次进入多品种时代。富士品系中的早生富士、红将军、弘前富士、昂林等早熟芽变或着色系品种发展较快。品种结构变革的最突出特点是富士系占的比例从 50% 下降到 35%～40%,

中熟新品种比例明显上升。

4. 优良的苹果品种应具备哪些条件？

选用优良品种是实现苹果栽培稳产、优质、高效益的最关键因素。而衡量一个品种的优劣，要看它的本身性状是否符合栽培者的要求，商品价值高低，并从丰产性、果品质量、管理难易，以及对环境的适应性、抗逆性和抗病虫性方面综合考虑。一般来说，优良苹果品种应具备：

(1)商品价值高　栽培苹果是为了获得经济效益，优良的苹果品种应该具有较高的经济价值，符合市场需求，为大多数消费者所喜爱。

(2)丰产性　丰产是优良品种的基本条件。在同样栽培管理及立地条件下，能获得较高的产量，而且能连年丰产。

(3)品质优良　主要指果实固有的优良特性，包括内在品质（果肉粗细、汁液多少、甜酸含量、香气有无）、外观质量（果形指数、果个大小、颜色、观感）、耐贮性、商品质量几个方面。优良品种口感好、观感好、耐贮性好、供应期长。

(4)适应性强　能适应不同的地势、地力及环境条件，栽培范围广泛，山地、丘陵、平原、沙滩均能栽培。在上述立地条件下品种的优良特性能够充分发挥出来，才是优良品种。

(5)抗逆性、抗病虫害能力强　优良苹果品种应当具有抗旱、抗寒、抗盐碱的能力。对于苹果落叶病、轮纹病、金纹细蛾、苹果小吉丁虫等病虫害具有较强的抵抗能力。

5. 我国苹果生产上可选用哪些优良品种？各品种有哪些主要特点？

目前，我国基本上是采用近几年新引进的优良品种，老品种栽植比例越来越低。下面简要介绍一些生产上栽植比例比较高的优良品种。

(1)红富士 富士的着色系又称红富士,日本农林省东北农业试验场藤崎园艺部于 1939 年以国光×元帅杂交培育出富士,1966年引入我国。1966 年日本发现着色系芽变。1980 年后我国又引入着色系富士,一般称之红富士。

果实圆或近圆形,果个大,平均单果重 250 克,最大可达 350克,大小整齐,端正。果面平滑,有果粉并有光泽,蜡质层厚,底色黄绿,色泽艳丽,条红或片红着色,海拔较高地域全面被浓红色,艳丽美观。果肉黄白色,肉质致密、细脆,汁多,酸甜适度,可溶性固形物含量 15%左右,品质上等。成熟期晚,无采前落果现象。耐贮运,普通果库贮至翌年 5 月份,肉质仍脆。

富士苹果幼树生长健壮,幼树的枝量增长和树冠形成都比国光快。进入结果期之后,生长趋于缓和,大量结果后,树势易衰弱,要注意加强肥水管理。富士的萌芽力和成枝力均强,1 年生枝在适度修剪的情况下,其萌芽率可达 50%,剪口下可形成 3～5 个长枝。采用轻剪并配合开角措施,枝条的萌芽率可达 75%～87%,并显著增加短枝数量。与国光相比,富士新梢停长期稍晚,自然抽生的副梢也比较多。

富士苹果结果早,丰产性强。一般栽后 3 年见花,4 年生树每667 平方米产量 500 千克以上。乔砧富士一般 5～6 年开始结果,8～10 年进入盛果期。短枝型品种和矮砧富士 5 年生即可进入盛果期。幼树易形成较多的腋花芽。结果初期,长果枝和腋花芽结果占有较大比例,进入盛果期后转向以短果枝结果为主。富士苹果一般花序坐果率 70%左右,花朵坐果率 40%～50%。果台副梢抽生能力较强,但连续结果能力较差,易形成小果,又有隔年结果的现象,自花结果率低,应配置授粉树。富士苹果的盛花期,在山东沿海地区为 4 月底;江苏徐州果区在 4 月 20 日左右;辽宁熊岳果区为 5 月 3～6 日。果实生育期为 170～185 天,成熟期一般在

10 月中下旬至 11 月上中旬。

红富士是一个对立地条件要求较高的品种,北纬 33°～44° 为红富士苹果适栽区,特别是陕西渭北海拔 800～1 200 米地区和山东胶东半岛是红富士最佳适生区。红富士抗寒力较弱,幼树受冻易发生"风干",结果树易遭晚霜侵害,栽培管理中应特别注意采取有效的防寒措施。

(2)藤牧 1 号 又名南部魁,巨森。由美国 Purdur 等三所大学根据抗黑星病品种育种计划联合育成。20 世纪 80 年代初被日本引进,并获专利权生产繁育,1986 年 12 月引入我国栽培。

果实为圆形或长圆形,萼洼处有不明显的五棱,果形指数 0.86～1.16,果个较大,平均单果重 217 克,最大果 320 克(腋花芽结果,平均单果重 170 克)。果面洁净,光亮美观,有果粉,果点稀、不明显。果皮底色黄绿,阳面着鲜红色条纹,着色度达 70%～80%。果肉黄白色,肉质细脆,汁液较多,酸甜适口,香味浓,可溶性固形物含量 11.5% 左右,果肉硬度 8.7 千克/厘米^2,品质上等。在我国渤海湾果区,果实 7 月下旬成熟,果实发育期 86～90 天。在南部果区,成熟期可提前 5～10 天。

该品种树势强健,树姿较开张。萌芽力强,成枝力中等,平均抽枝 3.2 个,易成花,腋花芽较多,短果枝结果为主,早果性、丰产性均好,但若疏果不严,易出现大小果现象。3 年生树短枝率达 64.7%,花枝率 26.4%。

该品种在早熟品种中风味最佳,是一个有发展前途的早熟品种,适应性强,对土壤和气候条件要求不严格,在我国华北、华中、江苏、西北地区均可栽培,对白粉病、早期落叶病、蚜虫等病虫害抗性强。缺点是该品种成熟期不太一致,宜分期采收;成熟期天气多云时,着色稍差;有轻微采前落果现象。

(3)珊夏 又名散莎、桑萨、三沙、赞作等。新西兰科学产业研究所和日本农林水产省果树试验场盛冈支场共同用嘎拉×茜培育而成的新品种,1986年发表,现已成为日本早熟骨干品种之一。1987年引入河北省农林科学院石家庄果树研究所。

果实短圆锥形,果形整齐,果实中大,平均单果重200克左右。果面光滑,底色黄绿,色泽为鲜红色,果点稀而小,不明显,果梗中长。果肉淡黄色,肉质脆细多汁,果心小,酸甜适中,风味较浓,可溶性固形物含量13.94%,品质上等。该品种在胶东地区3月中下旬萌芽,4月下旬开花,比元帅系提早1～2天,始着色期为6月下旬至7月上旬,8月上旬成熟,比津轻提早10～15天。贮藏性超过津轻,在自然温度下可存放20天左右。一般管理条件下未见到轮纹病和炭疽病。

树势生长较中庸,树姿直立;幼树生长旺盛,枝条直立、细软、易成花,丰产性好。萌芽率高,成枝率低,短果枝多,结果早。枝条高接后当年即可形成腋花芽,翌年花枝率达32.5%。初果期以长果枝和腋花芽结果为主,连续结果能力强,无采前落果现象。4年生M26中间砧珊夏(株行距2米×3米),每公顷产量达19 100千克。授粉品种以早生富士、千秋或津轻较好。整形修剪宜采用纺锤形,幼树采用捻枝器开角、甩放、疏剪为主要手段。要维持中庸偏强树势,要加大肥水量,提壮树势。

该品种适应性广,在苹果适生区均可栽培,但因树势较弱需果园土壤肥水条件较好。注意防治早期落叶病。成熟早,品质极佳,宜在优生区相对集中发展,市场潜力巨大。

(4)新嘎拉 原产新西兰,又名皇家嘎拉,1974年选出的嘎拉的浓红型芽变。1986年引入山东烟台。

果实圆锥形或圆形,中型果,纵径6.47厘米,横径7.38厘米,平均单果重150克,最大果重270克。果面光滑洁净,有光泽,无果锈,蜡质多,果点小,果实底色金黄,着有鲜红色条纹和桃红色晕,外观艳丽。梗洼深,较窄。萼洼浅,较广,稍有棱起,萼片较长,闭合。果心中大。果肉黄色或淡黄色,肉质细脆,汁液多,甜酸适口,硬度大,果实去皮硬度 8 千克/厘米^2,可溶性固形物含量为13.5%,香味浓郁,品质上等。果实 8 月中旬成熟,在室温下可贮放 1 个月,冷库贮藏期可达数月,是目前品质最好的早中熟苹果品种之一,深受消费者喜爱。

幼树生长较旺,树姿较开张。萌芽率较高,成枝力中等,枝条较粗壮。幼树成花容易,坐果率高,结果较早,丰产性强,以短果枝结果为主,有腋花芽结果特性,高接树当年即可成花,翌年结果,矮化 M26 中间砧树第四年株产可达 15~20 千克。嘎拉成熟期不一致,注意分批采收;采收前遇雨,有裂果现象。

(5)烟嘎 1、2 号 山东省烟台市果树科学研究所等单位 1992年和 1994 年,分别在蓬莱市、招远市从新嘎拉中选出了烟嘎 1 号和烟嘎 2 号两个着色优系。1997 年通过山东省林木品种委员会审定。与新嘎拉相比,其特点是上色早,着色面积大,色泽艳红,果个稍大,其余性状与新嘎拉相同,很有开发价值。

烟嘎 1 号果实圆形至椭圆形,高桩,果形指数 0.85~0.91。果个中大,单果重 180~230 克,大小均匀,全红果率48.9%~70%,着色指数达 76%~86%。8 月中旬开始着色,充分成熟后果面光洁,色泽浓红鲜艳。果肉乳黄色,肉质细脆爽口,果肉硬度6.6~8.4 千克/厘米^2,可溶性固形物含量 13.3%~14.5%,汁多味甜,微香,品质上。结果早,丰产性好。

烟嘎 2 号果实圆形至椭圆形,高桩,果形指数 0.86~0.9。果实中大,单果重 200~220 克,果个均匀。果实着色早,色泽发育较快,初上色为条红,充分成熟时全面着色,浓红艳丽。全红果率45.6%~75%,着色指数达 84%~95%。果肉乳黄色,细脆致密,果肉硬度 6.2~6.9 千克/厘米^2,可溶性固形物含量 13.8%~14.8%,汁多,香甜可口,品质上。果实在 8 月上中旬成熟,果实发育期 125 天。

幼树生长较旺,树姿较开张。萌芽率高,成枝力中等。幼树成花容易,结果较早,以短果枝结果为主;有腋花芽结果特性。坐果率高,早果性强,丰产稳产。

(6)美国八号 美国纽约州康奈尔大学捷内瓦实验场培育,1984年引入中国农业科学院郑州果树研究所。

果实近圆形或短圆锥形,大型果,果个较整齐,无偏斜果。在江苏平均单果重240克,最大果重300克。果面光洁,无果锈,果皮底色乳黄,全面覆盖鲜红色霞彩,十分艳丽。果肉黄白色,肉质细脆多汁,风味酸甜适口,可溶性固形物含量14.2%～15.8%,品质上等。耐贮藏。成熟期在8月上旬。

树势较强,幼树生长旺盛,结果后逐渐趋向中庸。树姿直立,萌芽力中等,成枝力较强,花芽形成容易,有腋花芽结果习性,进入结果期早,高接后当年形成花芽,翌年可结果,此后以短果枝结果为主,花序坐果率为85%,花朵坐果率为18%,全树坐果较均匀。易着色,8月上旬可全面着色。有轻微采前落果现象。

此品种抗性较强,较抗苹果斑点落叶病、轮纹病、炭疽病等,并抗金纹细蛾为害。幼树应注意开张角度,采用拉枝、扭梢等措施促使形成花芽。极易出现大小年现象,栽培管理中应注意。授粉树可用霞艳、早捷、恩派、瓦里短枝等。嫁接M26矮化中间砧树表现容易成花、丰产、稳产。适于我国中部地区密植栽培,中部偏南和偏西地区、江淮流域的中小城市郊区和丘陵地区均可推广试种。

(7)新红星 原产美国俄勒冈州,是罗伊·比斯比于1952年发现的红星全株芽变,1956年由斯达克种苗公司命名发表。系元帅系第三代品种,1964年引入我国。

果实圆锥形,果顶五棱突出,果个中大,平均单果重150～200克,最大单果重600克,果形指数为1.0左右。果实底色黄绿、全面深红,树冠内外着色均匀一致,果面光滑,蜡质厚,果粉薄,具光泽,无锈,果点稀小不明显。梗洼中深、中广,有五条不甚明显的沟纹;萼洼深、中广,果梗粗。初采收时,果肉淡绿白色,质地较致密、松脆,汁液较多,风味同红星,可溶性固形物含量为 12%～13.5%,果肉硬度 9 千克/厘米²。初采时有少许涩味,贮藏后肉质松脆、味甜、香气浓,品质上。不耐贮藏。

树势健壮,树体矮小,树冠紧凑,树姿直立;枝条粗壮,节间短;萌芽力强,成枝力差,1 年生枝任其自然萌发,除基部几个不饱满芽外,几乎所有侧芽都能萌发,但叶丛枝多,新梢少,萌芽率为 70%以上,成枝率为 15%,1 年生枝短截后,仅剪口下 1～2 芽抽枝;叶片大,多为长椭圆形,叶片浓绿肥厚,较光滑,光合效率高,积累多,消耗少,利于早成花早结果。

新红星苹果一般栽后第二年便有 20%～50%的植株开花,栽后第四年进入结果期,5～6 年生进入盛果期。结果枝类型以短果枝为主,幼树坐果率偏低,盛果期树坐果率高。果台枝连续结果能力差。果实成熟期一般在 9 月上中旬。

(8)新乔纳金 乔纳金为美国品种,于 1943 年以金冠×红玉杂交育成的三倍体品种,1968 年发表。新乔纳金系日本的斋藤昌美于 1973 年从乔纳金中发现的红色芽变,1982 年引入山东烟台。

果实圆形或长圆形,果形端正,大小整齐,果个较大,平均单果重 250 克,最大单果重达 400 克;果面平滑,无果粉,蜡质多,皮薄,底色黄绿,果面 95%以着鲜红色至深红色,比乔纳金着色深而全,树冠内膛果也能着色,色调艳丽,外观美。果肉黄白色,肉质细、较松脆,酸甜适口,芳香味浓,品质上。果实生育期 155 天,9 月底至10 月初成熟,比乔纳金稍早。耐贮藏,贮藏期间果面有返糖现象。

树势强健,树冠较大,树姿开张。幼树生长旺,分枝角度较大,新梢稍软,有斜生或下垂现象。萌芽力、成枝力均强,剪口下可发3～4 条长枝。早果、丰产,稳产性好,苗木栽后 3 年即可始果,以短果枝结果为主,长、中果枝及腋花芽均可结果。栽培管理上,应注意授粉树的配置,需同时配有两个二倍体品种互相授粉,同时给新乔纳金授粉。

(9)粉丽佳人(Pink Lady,品种名 Cripps Pink) 又译名粉红夫人、粉丽,1973 年澳大利亚西澳州 Stoneville 研究站的 Jone Cripps 以金冠和威廉女士(Lady Williams)杂交育成,1985 年发表。澳大利亚、新西兰和南非栽培较多,我国已引种观察。

果实圆锥形或长圆形,高桩,果个整齐,果形指数 0.96。中型果,平均单果重 160 克左右,最大单果重 306 克。果皮底色黄绿,着片状粉红色,果面光洁无锈,蜡质多而果粉少,外观诱人。果皮薄,果肉乳白色,质地致密硬脆,汁液中多,酸甜适度,可溶性固形物含量 15% 以上,可滴定酸含量 0.4%～0.8%,果实硬度 7.2 千克/厘米^2,风味酸甜浓郁,有香气,品质中上。果实发育期200～215 天,陕西西安 10 月底至 11 月上旬成熟,果实底色由绿变黄时为适宜采收期,比澳洲青苹晚 1～2 周。耐贮藏,室温可贮藏至翌年 2 月下旬,货架期长。贮后酸度降低,风味更佳。

树势强健,树姿直立,干性强。萌芽率高,成枝力强。1 年生枝浅褐色,枝条较柔软,多年生枝灰褐色,宜于矮化栽培。易成花,结果早,定植第三年开始结果,第四年便进入丰产期,产量较高。幼树以长果枝、腋花芽结果为主,成龄树各类果枝均可结果。对火疫病和黑星病敏感,对白粉病中等敏感,抗日烧、果锈、裂果、苦痘病等生理性病害。需冷量 400～650 小时,适生长季节长的地区栽培,自花结实率低,适宜的授粉品种为 Lady Williams、富士、澳洲青苹、嘎拉和元帅系品种。为控制旺长,宜选用弱势砧,注重夏剪,冬剪以疏枝。

粉红女士对土壤条件要求不严,适应性强,苹果适生区均可栽培,特别在陕西渭北南部海拔 600～800 米栽培,表现出果个较大,果实高桩,色泽艳丽,商品率高,优于该区域栽培的富士系品种,市场前景看好。

(10)凉香 日本山形县南阳市船中和孝氏,在富士和新红星混交地发现的实生新品种,1997 年春季发表,1998 年引入我国。

收获期在津轻之后和千秋之前的 2 周间成熟,是中熟苹果最有希望的优良品种之一。

果实长圆形,高桩,果形指数 0.92,着色鲜红美观,果实底部易着色。果个大,平均单果重 310 克,最大果 500 克。果面光洁无锈,有光泽,底色黄绿,容易着色,成熟时果实全面着鲜红色,艳丽美观,果实梗洼及萼洼部位也容易着色,连内膛果着色度也达 76％以上,果点大而稀,无蜡质,果粉多。果柄粗而短,平均长 2.8 厘米,梗洼广而深,萼洼窄较深,闭萼。果肉淡黄色,果心小,肉质细,汁多,甜酸适度,有蜜甜味,可溶性固形物含量 15.6％,清香爽口,品质上。果实发育期 145 天,在山东青岛、泰安地区 9 月中旬成熟。

树势中庸,树姿开张,幼树生长势较旺,新梢生长量大。枝条萌芽率高,成枝力强。叶片中大,椭圆形,平展,锯齿钝,托叶小,叶柄短,平均长 2.2 厘米,叶柄基部为紫红色,叶背面有茸毛,叶片较厚。幼树期以中、长果枝结果为主,进入结果期后以中、短果枝结果为主,并有腋花芽结果习性,有轻微采前落果现象。早果性强,2 年生树开始成花结果,5 年生树平均株产 15.5 千克,每 667 平方米量达产 1 720.5 千克。该品种对斑点落叶病有较强的抵抗能力,是当前中熟品种中最有希望和发展潜力的换代品种之一。

(11)首红 美国华盛顿奥赛罗县在 1974 年发现,为新红星品种的枝变,为元帅系四代短枝型品种。又叫康拜尔首红,1976 年正式发表。20 世纪 80 年代初期引入我国。

果实圆形锥形,五棱突出,果形高桩,大小整齐端正。果个较大,平均单果重 240 克。底色黄绿,全面浓红,果面光洁,果点小,蜡质多,色泽艳丽。梗洼深广,萼洼深窄。果肉乳白色,肉质细脆,汁多,甜酸适口,香味浓郁,可溶性固形物含量 14.3％,品质极上。比新红星着色早,盛花后 100 天即现红色条纹,130 天全红,比新红星早约 2 周,可提前上市,贮性超过新红星,且不易褪色。即使在不利条件下也能着色良好。果肉淡黄色,香味较浓,成熟期较其他"元帅"系早,是一个优良的中熟品种。

该品种树势较强,树冠紧凑,树姿直立,具有典型的短枝型品种性状。树体矮小、直立,更适宜密植。萌芽率高,成枝力弱,短枝多,剪口下一般只发一条长枝。早产、丰产性好,短果枝结果,短枝率高达 86.4%。一般 3 年结果,4 年株产 13.1 千克,每 667 平方米产量达 733.6 千克。适应性较强,树体抗寒力与元帅苹果基本相同。对肥水条件要求较高,注意土肥水管理。

(12)烟富 1 号 烟台市果树站由长富 2 号中选出的红富士优系,1997 年通过了山东省农作物品种评审委员会的审定。

果实圆形至长圆形,果个大型,单果重 256～318 克,大小均匀,果形端正、高桩,果形指数 0.88～0.91。着色较早,8 月下旬开始着色,色泽发育快,10 月中旬即达浓红,树冠上下和内外均能良好着色,全红果比例高达 78%～87%,着色指数达 95.2%～96.2%,色泽浓红艳丽。果肉淡黄色,硬度 8.6～9.1 千克/厘米²,可溶性固形物含量 15.4%～16.6%,肉质清脆爽口,汁液多,风味甜。果实生育期 190 天。采收过晚易患水心病。贮藏性与肉质同长富 2 号,外观明显优于长富 2 号。

(13)烟富 3 号 烟台市果树站于 1991 年由长富 2 号中选出的红富士优系,1997 年通过了山东省农作物品种评审委员会的审定。

果实圆形至长圆形,端正,果形指数 0.86～0.89,果个大型,单果重 245～314 克。易着色,树冠上下、内外着色均好,全红果比例 78%～80%,着色指数 95.6%,色泽浓红艳丽,光泽美观。果肉淡,肉质爽脆,汁液多,风味香甜,硬度 8.7～9.7 千克/厘米²,可溶性固形物含量 14.8%～15.4%。果实生育期 190 天,贮藏性同长富 2 号,综合性状优于长富 2 号。

(14)烟富 6 号 烟台市从惠民短枝富士中选出的短枝型红富

士优系。

果实大型,单果重 253~271 克,最大果重 457 克。果形端正,圆形至长圆形,果形指数 0.86~0.9,果桩明显优于原品系。着色易,色浓红、深,全红果比例 80%~86%,果面光洁,无锈,蜡质多,果粉少,果皮较厚,果点中大,多而明显。果肉淡黄色,肉质致密、脆硬,汁多,味甜,有香气,可溶性固形物含量 15.2%,硬度 9.8 千克/厘米^2,品质上等。果实发育期 190 天,生理落果和采前落果轻。耐贮藏。

树体矮小,树势健壮,短枝性状稳定,树冠较紧凑,树姿半开张。萌芽率高,成枝力差,新梢粗壮,节间短。成花容易,结果早,极丰产,定植后 2~3 年结果,以短果枝结果为主,有腋花芽结果习性。该品种是一个较抗碰压、适合于机械化分级的优良品系。

(15)早捷 美国纽约州农业试验站育成,亲本昆特(Quinte) ×七月红(Julyred),1964 年杂交,1982 年推广。中国农业科学院郑州果树研究所在 1984 年从美国引入,并在黄河故道地区试栽,江苏、山东、河南和安徽等省已有少量栽培。

果实扁圆形,果实中等大,单果重 150 克左右,最大果重 215 克。底色绿黄,被鲜红霞或宽条纹。果面光洁,无果锈,果点小,不明显,果皮薄;果肉乳白色,肉质细,松脆,汁稍多,有香气,风味酸甜,可溶性固形物含量 12%左右,品质中上等。在黄河故道地区于 6 月中旬成熟,辽宁西部于 7 月初成熟。果实不耐贮藏,在室内仅可存放 1 周左右。

幼树长势旺,大量结果后树姿开张,逐渐趋向中庸,萌芽率高,成枝力中等,果台抽枝力强。早果性好,较丰产,苗木栽后 3 年即开始结果,初结果树腋花芽结果较多,后逐渐以短果枝结果为主。自花不孕,需配置花期相近的品种授粉例如贝拉、金冠等品种。

该品种在早熟品种当中成熟较早、外观较好而且抗苹果斑点落叶病、赤星病等病害,无裂果现象,是一个优良的极早熟品种。

但早捷也存在下列缺点:果实成熟期不一致,须分批采收;采前有落果现象;果实霉心病严重;栽培中需注意幼树开张角度,栽培时要注意对早期落叶病的防治。

(16)萌 又称嘎富。日本农林水产省果树实验场盛冈支场于1969年杂交育成,亲本嘎拉×富士。1996年引入山东青岛、陕西大荔、铜川等地,是优质早熟苹果新品种。

果实近圆形或扁圆形,果个大,平均单果重200克,最大单果重275克。果面底色黄绿,表面鲜红或浓红,片红,着色面积70%以上,外观鲜艳美丽。果柄细长,果顶部有微棱突起,果蜡质中多。果肉乳白色,生理成熟后肉质脆,汁多,风味酸甜适中或酸,具有香气,果肉硬度10千克/厘米²,可溶性固形物含量13%左右,品质中上等。在胶东地区4月初萌芽,4月下旬盛花,7月20日成熟,比藤牧1号早7~8天。果实发育期90天左右。采收后室温条件下可贮藏10天,货架期较短,适宜在城市近郊或工矿区周围发展。

树势中庸,树姿自然开张,适合自由纺锤形整枝。枝条萌芽力高,成枝力较低。易成花,结果早,丰产性好,3~4年生树主要以腋花芽结果,后逐渐转向中、短果枝结果。腋花芽枝占长枝总量的90%,且自然结实能力较强,有37%的腋花芽枝成串结果。无采前落果现象,较抗斑点落叶病。

(17)南方脆 1975年由新西兰园艺食品研究所用嘎拉(Gala)和华丽(Splendiur)杂交育成的新品种。是该所继皇家嘎拉(Royal Gala)之后向世界市场又推出的苹果新品种,原代号为GS330,1995年9月首次公布。在新西兰已作为嘎拉系换代品种推广栽培。1996年引入我国。

果实扁圆形,果顶稍平,比嘎拉果个大,平均单果重180~200克,最大单果重320克,果形指数0.84。果实全面浓红,色泽鲜亮。果肉黄白色,肉质细,硬脆,果肉硬度8.53千克/厘米²,风味浓,比嘎拉、美国8号更优,可溶性固形物含量13.4%。贮藏性能好,货架期较长,刚采收的果实肉质稍韧,在自然条件下放置2个月果肉不发绵,经短期贮放后鲜食品质极佳,汁多味浓。8月中下旬成熟,基本较皇家嘎拉同期或稍晚。

该品种树势中庸,树姿开张。幼树和高接树生长旺盛,树冠成形快,干径粗,分枝角度大,萌芽率高,成枝力强,中短枝比例高,极易成花,坐果率高,注意疏花疏果,选留5厘米长短果枝为宜,不留腋花芽结果,少留长枝顶花芽及弱丛枝花芽果,以保证果个、果形。适宜授粉品种为粉丽佳人。1年生枝条粗壮,褐色,叶片浓绿,肥厚,长圆形;结果后枝条变柔软、纤细,易弯曲下垂。

该品种抗逆性强,较抗轮纹病、早期落叶病和白粉病,注意对腐烂病的防治;生长迅速,早产、丰产性强注意提高建园质量;成花容易,坐果率高注意疏花蔬果。

(18)红津轻 日本品种。母本为金冠,父本不详,1975年正式命名。1987年其产量在日本仅次于富士和元帅系,居第三位。

红津轻是对津轻着色系的泛称,是日本各地针对津轻风味好但着色欠佳的问题,从津轻选出的着色系芽变。已有报道的有轰系、坂田系(长野县选出)、青藤(青森县选出)、秋香系、居鹤系(山形县选出)、东和系(岩手县选出)以及芳明津轻(长野县选出)、夏香(青森县从津轻的着色系秋香中又选出着色系枝变)等。我国已引入的有轰系、坂田系、秋香、芳明等。这些芽变系除果实色泽上与津轻有区别外,果实品质、植物生长结果习性与津轻均无明显差别。

果实近圆形。果个中大,平均单果重175克左右。果面光滑,光泽较少,蜡质较多,果皮薄,不耐摩碰,果色分条红和片红两种类型,轰系、秋香为条红,色泽鲜艳,美观。果肉黄白色,肉质细脆,汁液丰富,风味酸甜适口,生食品质上等,含可溶性固形物约13%。我国辽宁西部9月10~15日采收,采前有落果现象。采后可存放1个月左右,时间过长则肉质变软,风味变淡。我国引入的红津轻,其风味在苹果中熟品种中为佳,可以作富士系品种的授粉树。

幼树生长势较强,大树树势中庸;树姿较开张,干性较弱;萌芽率高,成枝率低。以中短果枝结果为主,比较丰产,栽后第三年始果,开花株率 30%,第五年株产 11.46 千克,最高达 26.5 千克。枝干轮纹病烂果病发生极轻,对斑点落叶病也表现出极大抗性,易患苦痘病。管理不当会有大小年现象,因此栽培中注意保持适宜的负载量。

(19)世界一 日本青森县苹果试验场育成,亲本为元帅×金冠,1930 年杂交,1951 年选出,1974 年正式发表。果实硕大,宜作为礼品或家庭摆设用。

果实很大,扁圆形或短圆锥形,平均单果重 400 克左右,最大单果重 800~1 000 克。果面底色黄绿,阳面有断续粗红条纹,皮厚,果点中多,较大,多数为锈色。梗洼深,中广;萼洼中深,中广;周围有五棱。果肉乳黄色,质中粗,较松软,果汁稍多,味甜而微酸,有香气,可溶性固形物含量 14%,果肉硬度 6.4 千克/厘米^2,品质中等。10 月上旬果实成熟,果实生育期 155 天。不耐贮藏。

该品种为三倍体品种。树势强健,树姿较直立,结果后渐次开张。萌芽力和成枝力均强。树冠分枝较多。进入结果期稍晚,以中、短果枝结果为主,有腋花芽结果习性,坐果率较低,产量中等,有大小年结果和采前落果现象。栽培管理上注意防风,并注意适期分批采收。

(20)千秋 日本秋田县果树试验场育成,亲本东光×富士。1966 年杂交,1978 年命名,1979 年发表。千秋是丰产、优质的中熟品种,适应性强,也较耐寒,可作为主栽品种的授粉品种。

果实圆形或长圆形,果顶稍有五棱,果个中大,平均单果重 250 克,最大单果重 350 克。果面光洁,底色黄绿,全面被鲜红色彩霞和明显的断续条纹,外观艳丽,果点中多、较明显,果皮薄,蜡质层厚。果肉黄白色,肉质细、致密,汁液多,风味酸甜,稍有香气,含可溶性固形物 13％～14％，果实硬度 7.2 千克/厘米²，品质上。果实生育期 130 天，在华北地区于 9 月下旬成熟。果实较耐贮藏，在冷藏条件下可贮至翌年 2～3 月份。

树势中庸，树姿介于东光和富士之间。幼树生长势强，较直立，大量结果后树姿较开张，生长势转中庸。萌芽率高，成枝力中等，短枝较多，树冠内结果后的果枝易细弱。苗木栽后 3～4 年开始结果，易形成花芽，以短果枝结果为主，有腋花芽，花序坐果率较低，自花授粉结实率低，花粉给其他主要品种授粉亲和力强，采前落果少，丰产。适应性、抗逆性均强，尤其抗晚霜，较抗苹果落叶病、白粉病。果实发育期间如前期干旱、后期多雨，梗洼处便易裂口，影响贮藏。栽培管理中应注意保持稳定的负载量，如结果过多则果实个小、风味淡、着色不佳。宜选择排水良好，土层深厚的土壤栽培，防止果园积水。应注意防止因水分失调而引起的裂果。苹果适生区均可栽培，尤其适宜西北黄土高原及渤海冷凉地区。

(21)红将军　又名红王将，从早生富士中选育出的着色系芽变。1995 年引入我国。

果实大型，近圆形，在高海拔地域果面稍有棱，平均单果重 254 克，最大单果重 476 克，高桩，果形指数 0.86。果面光洁，无锈，果实底色黄绿，成熟时果面鲜红色，内膛果亦可全红，鲜亮美观。果肉黄白色，质细，脆甜，汁液多，酸甜适度，风味浓郁，果实硬度 7～9 千克/厘米²，可溶性固形物含量为 13.5％～15％，品质上等。着色期在 8 月下旬至 9 月上旬，9 月中旬成熟，果实生育期 150 天左右。耐藏性比富士差，但货架期比新红星长。

树势强健，冠体中大，树姿较开张。萌芽率高达 70％以上，成枝力强，一般抽枝 3～4 个。高接树 2～3 年开始结果，坐果率高，丰产性能好。高接 6 年生树每 667 平方米产 2 000 千克左右。以腋花芽和短果枝结果为主，长果枝结果比率低，果台副梢连续结果能力低。1 年生枝条红褐色，斜生，皮孔圆形，微凸，大小稀密不规则,茸毛中多,节间平均长 2 厘米左右,新梢细长,停止生长较晚,多年生枝灰褐色。叶片椭圆形,绿色,叶面光滑,先端渐尖,基部较圆,叶缘复锯齿,叶背面茸毛较多,黄褐色,叶脉突起;花芽圆锥形,中大,叶芽三角形,中大,一般每花序 5 朵花,开花较整齐,中心花比边花早开 2～3 天。高接树 2～3 年开始结果,坐果率高,丰产性能好。对照品种新红星采前落果,而红将军无落果现象,且货架期比新红星长,表现出较强的抗逆性。

红将军果个大,果形端正,果面鲜红色,套袋果外观更加艳丽,且表现出较强的适应性和抗逆性。成熟期恰逢我国中秋节和国庆节前,深受生产者和消费者欢迎,具有一定的市场潜力,可以作为中晚熟苹果主栽品种大力推广。

(22)金帅 又名金冠,美国品种,偶然实生苗。1935 年青岛果产公司从美国斯塔克公司引进栽培。

果实圆锥形,单果重 180～200 克;果实黄绿色,完全成熟后金黄色。果肉淡黄色,肉质细脆,酸甜适口,芳香味浓。9 月中下旬成熟,可贮至翌年 2～3 月份。常温下贮藏易皱皮。栽培中易生果锈。

树势强健,树冠较大。幼树枝条直立,结果后开张;萌芽力、成枝力均强。结果早,3～4 年始果,丰产、稳产性强。适应性强,在土层深厚而肥沃的缓坡丘陵地表现丰产优质。

(23)昂林(KORIN) 系日本从富士×津轻杂交种中选育的中熟苹果品种,1995 年获日本农林水产省登记注册。1998 年引入我国山东省临沂市。试栽观察,该品种综合性状优良,是今后很有希望的苹果中熟优新品种。

果实近圆形,端正,果形指数 0.87。果个大,平均单果重 245 克,最大单果重 390 克。果实底色黄,全面着亮红色,直至果实萼洼部分,着色一致,光洁美观,无果锈;果点中大、稍凸出、灰白色、无晕圈,无蜡质,果粉少。果梗短粗,梗洼中深、中广、波状,萼片宿存、直立,萼筒闭合,萼洼中深、中广、有五棱。果肉黄色,肉质硬脆多汁,风味酸甜,含可溶性固形物 15.3%,总酸 0.33%,总糖 13.18%,果肉硬度 11.5 千克/厘米^2,品质极上等。果实生育期 145 天,9 月下旬成熟。较耐藏,采收后在常温条件下可贮藏 1 个月左右。

树势旺盛,树姿较开张。幼树生长旺,新梢生长量大。萌芽率高,成枝力强,长、中、短果枝比例为 4:1:5。结果早,较易成花,2 年生开花株率 85%,以中、短果枝结果为主,坐果率较高,花序坐果率 85.1%,花朵坐果率 28.5%。丰产性强,3 年生株产量 9.5 千克,4 年生树株产量 18.9 千克,每 667 平方米产量 1 568 千克。栽植不宜过密,株行距以 2~3 米×4 米为宜,需配置授粉树,每隔 4~5 行栽 1 行授粉树,主要授粉品种为富士。在修剪上采用轻剪长放多留枝,利用变向和刻、剥措施,缓和长势,增加中短枝的形成。加强夏剪,采用开张角度,环剥、扭梢、拉枝、摘心等方法以缓势促花,增加产量和加速植株向正常结果转化。适应性强,苹果适生区均可栽植,较抗斑点落叶病、果实轮纹病,也抗叶螨、金纹细蛾。

(24)早翠绿 山东省果树研究所选育,亲本岱绿×辽伏,2003 年通过山东省林木品种审定委员会审定。

果实圆形或圆锥形,果形端正、整齐,果形指数 0.93,平均单果重 151.3 克,最大单果重 204 克。果面光洁,果皮绿色、中厚,质较脆。萼洼中深、窄,萼片中大、直立、闭合。果肉乳白色或微带淡黄色,肉质致密而脆,汁多,酸甜适度,香味浓,可溶性固形物含量 14.15%,总糖 12.6%,总酸 0.24%,糖酸比值 52.5,品质上等。

树势健壮,树姿半开张,幼树生长较旺,随树龄增加,树势渐缓。萌芽率高,坐果率中等。以短果枝结果为主,早果、丰产性强,一般 3 年结果,4~5 年丰产,7 年生平均每公顷产量 8 750 千克,8 年生 9 500 千克,10 年生 43 200 千克。适应性,抗逆性强。

(25)红露 韩国国家园艺研究所用早艳与金矮生杂交育成的苹果新品种。栽培面积增长较快,已成为韩国中早熟苹果的主栽品种。

果实圆锥形,高桩,果形指数 0.87;果实大型,平均单果重 230克。果面底色黄绿,全面着鲜红色并具条纹状红色,自然着色率80%以上。果面光洁,无果锈。果皮较薄,星点明显、数量中多。萼洼较深,花萼闭锁。果顶有 5~7 个棱状突起。果柄较短。梗洼深、开阔。果肉黄白色,果肉致密,可溶性固形物含量 14%,果肉脆甜、汁液多、有香味。果肉硬度 8.16 千克/厘米^2,耐贮运,室温条件下可贮 30 天以上。在胶东地区果实 8 月底 9 月初成熟,发育期 120 天左右。

树势强壮,树姿开张;萌芽率高,成枝力强;枝条节间较短,属短枝型。早果性强,极易成花,高接当年就形成大量腋花芽,翌年即开花结果,平均株产 4 千克,早果性极强。该品种与乔纳金、王林、富士的嫁接亲和力均好。

(26)信浓红 日本从长果 12(津轻×贝拉)中选出的优良品种,1997 年定名。1998 年引入山东青岛、陕西等地。2003 年已通过陕西省农作物品种审定委员会审定,并确定为早熟新优品种积极推广。

果实圆锥形,高桩,果形正,无偏果,果形指数 0.9。果个大,平均单果重 208 克,最大单果重 280 克。果面光滑,底色黄绿,果面红色至浓红色,果柄长。果肉白色,肉质脆,致密,稍硬,汁液多,有香味,风味甜酸,可溶性固形物含量 13%~14%,总酸含量0.3%~0.4%,品质极上。常温下可贮藏 15~20 天。青岛地区果实 7 月 20 日左右采收。

树势强健,树姿开张,枝条粗壮,1 年生枝红褐色,皮点小而密。萌芽率高,成枝力中等。幼树生长旺盛。枝条节间短而粗壮,叶片厚大,叶色浓绿而富有光泽,叶缘锯齿钝,叶形与富士叶片极相似。信浓红长枝和短枝均易形成花芽,结果早,丰产性强,矮化中间砧苗定植或高接树在定植或高接后第二年即可结果,每667平方米产量405千克,第三年为1503.5千克,第四年达2004千克。宜采用小冠疏层形,并注意拉枝,开张角度。授粉树可选用萌,注意疏花疏果。果实着色、成熟不太一致,应注意分批采收。

该品种适应性广,抗逆性强,较抗白粉病、早期落叶病,无采前落果现象,在苹果适生区均可栽植,可望作为上市早、填空档的早熟新优品种,发展前景十分广阔。

(27)王林 日本品种,是从金冠与印度混植园的金冠实生苗中选出,1952年定名,1979年引入我国,是一个品种优良的绿色品种。

果实长圆锥形,似金冠,果形端正整齐,果形指数0.94,果个大,平均单果重250克左右。果皮黄绿色,光洁无锈,有蜡和果粉,果点密且明显,为其显著特征。果肉黄白色,肉质较硬,致密而脆,风味甜,微酸,有芳香,可溶性固形物含量13.5%,品质上。在烟台产区10月上旬成熟,果实发育期190~195天,耐贮藏,可贮至翌年2~3月份。贮藏期间,果皮不皱,但肉质硬度不够理想。

树势强健,树姿直立,树冠紧凑。幼树生长迅速,分枝角度小。萌芽力、成枝力均强。容易形成花芽,进入结果期早,高接后2年、定植后3年开始结果,以短果枝结果为主,间有中、长果枝和腋花芽结果,坐果率高,连续结果能力强,易早期丰产。适应性广,抗病性较强,抗寒性较弱。其综合经济性状远远超过金冠和印度,是一个具有发展潜力的绿色晚熟品种。

(28)松本锦 日本绿产株式会社杂交育成的早熟苹果新品种,亲本为津轻和耐罗26。1994年引入山东,并逐渐在全国推广。

果实近圆形或扁圆形,果形端正,果实个大,平均单果重280克,最大单果重410克。果面底色浅黄,成熟后着浓红色,光洁鲜艳,着色面积达80%~90%。果肉乳白色,肉质松韧,汁多,风味酸甜,可溶性固形物含量 12℅～13℅,品质中上等。果实生育期 90～95 天,8 月上旬成熟。较耐贮藏,在室温条件下可存放 20 天左右。

树势中庸,树姿开张,枝条粗壮,萌芽率高,成枝力强,自花授粉结实率高,自然坐果率 20℅～30℅。栽后 3 年即可见果,早实丰产性强。有腋花芽结果习性,初结果以腋花芽为主,以后转为以中、短果枝结果为主。修剪上宜采用自由纺锤形树形,幼树多以拉枝、坠枝、轻剪长放为主,充分利用中、长果枝和秋梢腋花芽结果,提高前期产量。进入丰产期后,随着结果量增加,树势趋于稳定,花枝量增加,应及时加大修剪量,注意对多年生结果枝进行回缩更新,控制全园枝量。为保持稳定的树势和产量,达到连年优质丰产的目的,外围新梢长度不小于 30～50 厘米。松本锦易感染斑点落叶病,叶片对波尔多液敏感。

6. 我国现有的苹果品种结构如何? 应如何调整?

尽管我国是苹果生产大国,但是目前我国苹果产业仍存在不少问题,在品种结构方面问题尤为严重。我国现有的苹果品种结构单一。据有关报道显示,2002 年河北省苹果产量 196.56 万吨,其中富士、国光、红星系 3 个品种占到 83.2℅。早、中、晚熟品种比例失调,早熟品种不足市场份额的 5℅,形成了 6～7 月份的苹果淡季。且苹果加工品种发展滞后。

我国苹果产业必须进行品种结构调整,必须按照“适地适栽、基地化、产业化”的原则,进行科学规划,充分发挥自然条件和品种优势,在苹果优生区集中发展优势品种,淘汰在当地表现不好、不受市场欢迎的品种。为填补市场空当,提高经济效益,增加我国鲜苹果及苹果汁出口,必须要加大早、中熟品种的比例,同时适当减少晚熟品种的种植比例。目前,我国早熟苹果存在的主要问题是果实生长期短,一般糖度低、酸度高,口感较差,果实品质较差,同其他水果相比市场竞争力较差。上述问题目前可通过合理布局,选栽良种,改善贮藏保鲜条件等手段逐步解决。山东省苹果主产区已提出适宜本地的早、中、晚熟苹果品种比例为 0.72:19.12:80.16。另外,应当加大优良苹果加工品种种植比例。

7. 优良的苹果加工品种有哪些？应如何发展？

我国的苹果发展,长期以来以鲜食为主,苹果加工品种栽植相对较极少,苹果深加工工业发展相对滞后。据有关资料显示,目前我国苹果加工能力还不足产量的 10%。因此,发展苹果深加工势在必行。苹果加工产品主要有果酒、果汁、果干、果醋、果酱、罐头和果冻等。其中,苹果汁市场潜力最大。为促进我国苹果加工业发展,许多单位进行了加工专用型苹果品种的培育、引进与示范工作。苹果专用加工品种具有适应性广、抗病性强、管理粗放、产量高、出汁率高,富含有机酸、单宁和多种芳香物质的特点,更加适合生产果汁、果酒等加工产品。

目前,我国苹果产业中加工品种种植比例明显偏低,品种结构显然不合理。为改善我国苹果产业品种结构,提高苹果产业经济效益,要加快发展苹果加工品种栽植。第一,引进、培育优良的苹果加工品种,提高果实质量,注重无公害加工苹果生产;第二,在优良苹果加工品种适栽区,科学建园,规模生产,建立生产基地,统一管理,形成生产、商品处理一条龙;第三,加快苹果深加工业发展,为苹果加工品种种植业提供一个强有力的市场保障。

国内外主要优良品种简介如下。

(1)国光、小国光 我国传统品种。果实扁圆形,单果重100～150克,果肉白色或黄白色,肉质细脆、多汁,酸甜适口。成熟期10月上、中旬,耐贮运。幼树生长健壮,结果较晚,丰产性强,有采前裂果现象。出汁率高,是优良的加工品种。

(2)红玉 我国传统品种。果实圆形或扁圆形,果面底色黄绿,阳面着浓红色,果肉黄白色,肉质细脆、多汁,味酸甜。成熟期

8月中下旬。树势较弱,一般3~4年结果,产量中等,有采前落果现象。出汁率高,香气浓郁,是优良的加工品种。

(3)瑞丹 法国新品种。单果重70~120克,果面着片状条红,成熟期10月下旬至11月上旬,耐贮运。树势中庸,早实、丰产性强,无大小年现象。出汁率高,可达70%~75%,制汁品质极佳。

(4)甜麦 法国第一酿酒品种。单果重38~64克,果面片红,成熟期11月初;耐贮运。树势中旺,早实、丰产性好。出汁率高,达63%,果汁香气浓郁,色深,品质极佳。

(5)贝当 法国甜苦酿酒品种。单果重30~78克,果面黄色,成熟期11月中旬,耐贮运。树势中庸,早实性好,中度丰产。出汁率高,达64.5%,果汁口甜至甜苦,香气浓郁,酿酒品质极佳。

(6)澳洲青苹 澳大利亚品种,为世界上知名的绿色品种。20世纪70年代引入我国。

果实大,果形端正,扁圆形或近圆形,萼洼窄浅,平均单果重210克,最大单果重240克。果面光滑无锈,全部为翠绿色,梗洼处着色较深,有的果实阳面稍有红褐色晕,有光泽,蜡质层厚,果点黄白色,多而大,极明显,果皮韧、厚。果肉绿白色,肉质细脆,硬度为7.8千克/厘米^2,果汁多,风味酸甜,无香气,含可溶性固形物13.5%,品质中上等。很耐贮藏,一般可贮藏至翌年4~5月份,经贮藏后,风味更佳。果实生育期170天左右,10月中下旬成熟。刚采收时风味偏酸,最适食用期在翌年2~3月份以后,是生食、加工兼用品种。

树势强健,树姿直立,树冠中等,呈圆锥形。萌芽率高,成枝力强,剪口下平均萌发3~4个枝条。以短果枝结果为主,有腋花芽结果习性,坐果率中等,果台枝抽生能力中等,连续结果能力强,大小年结果不显著。分枝较多,角度小,树干浅灰褐色,2~3年生枝黄褐色,1年生枝黄褐色或灰绿色,粗壮,较直顺,皮孔较大、稀,茸毛较密。叶片中大,椭圆形,先端渐急尖,基部楔形。叶缘稍向上卷,托叶小。花较大,花白色至淡粉红色,雌蕊高于雄蕊。该品种花序坐果率为 74.1%,不采取任何促花措施,一般 3 年结果。幼树结果较早,较丰产。该品种既可生食,又可作为菜肴或加工,已成为广为发展的苹果品种。

(7)上林 法国新品种。单果重 100~150 克,果面黄色,成熟期 10 月下旬至 11 月初。树势旺,丰产性强。出汁率高,达70%~75%,尤其适宜于制汁和制果泥。

(8)苦绯甘 法国苦涩酿酒品种。单果重 50~60 克,果面红色,成熟期 10 月下旬。树势中至旺,丰产性强,有大小年现象。出汁率高,达 65.5%,果汁甜涩,香气浓郁,是酿造甜涩型酒的优良品种。

(9)瑞林 法国新品种。单果重 80~120 克,果面着片条红,成熟期 10 月中旬。树势中庸,早实、丰产性好。出汁率高,达70%~75%,是优良的制汁品种。

(10)甜格力 法国第二酿酒品种。单果重 50~70 克,果面黄色有红晕,成熟期 11 月初,耐贮运。树势中庸,早实、丰产性好,有大小年现象。出汁率高,达 64.5%,果汁口味甜至甜苦,香气浓郁,是酿制优质苹果酒的优良品种。

三、育　苗

1. 苹果苗圃地的选择有哪些要求？

(1)地势平坦　苗圃地应选地势平坦、背风向阳、土质差异小、地下水位在 1.5 米以下的地方。地势低洼的土地，易遭霜冻积水，不宜育苗。

(2)建立苗圃地　选择土层深厚、肥沃疏松、保墒性强、排水良好、酸碱度适宜的土壤条件。土层厚度 80 厘米以上，土壤孔隙中空气的含氧量 15% 以上，土壤酸碱度以 pH 5.5～6.5 为宜。土质以砂壤土为宜，若在黏土或盐碱地育苗，土壤必须加以改良，方法视具体情况，可分别采取掺沙、掺土、挖排水沟、修台田、种植绿肥作物等措施。

(3)水源充足　育苗必须考虑灌溉条件，尤其是容易春旱的北方地区，苗圃地一定要有较好的灌水设施。

(4)无风害　避免在风口位置育苗。风大地区应选背风地势或设置风障以免风害。

(5)无危险性病虫害　病虫害较严重的地区，育苗应特别注意挑选无危险性病虫害的土壤建立苗圃。如危害苗木严重的立枯病、根头癌肿病、蝼蛄、蛴螬、金针虫、根瘤蚜等病虫害，育苗前必须采取有效措施加以防治。

(6)运输方便　苗圃应建在所需苗木地区的中心，以便于运输。

另外，苗圃地应避开重茬地，前茬作物不是苗圃地或果园地。因此，用作繁育苹果苗木的圃地，一定要注意进行轮作。圃地的轮作周期，最少要间隔 2～3 年。轮作期间，可以种植小麦、玉米或蔬菜作物。

2. 苹果嫁接的主要砧木有哪些?

(1)山定子 在我国东北、华北、西北等广大地区均有分布,野生于森林草原地区和浅山的杂木林及河沟两岸的灌木丛中。山定子根系浅,适于砂壤土生长,耐瘠薄,抗涝,抗寒力较强,抗旱、耐盐力较差。山定子砧木与多数苹果品种的嫁接亲和力强,但嫁接易患苹果苦痘病的品种时,果实发病率最高。因此,对易患苦痘病的苹果品种,要慎重选用山定子砧木。

(2)新疆野苹果 原产于新疆天山山脉西部河谷地带和中亚西亚地区。新疆野苹果与苹果嫁接亲和力强,其果实形态、着色、风味,植株高矮、树形等变异很多,而且由于自然选择形成了许多抗旱、抗寒、抗病虫、耐瘠薄的特异单株。

(3)烟台沙果 山东半岛各地均有分布,属于楸子的一个类型。烟台沙果适应性强,抗旱、抗涝、耐盐。与苹果嫁接亲和力强,能显著降低苹果缺铁黄叶病率和苦痘病率,有的类型具有一定的矮化作用。

(4)福山小海棠 福山小海棠与多数苹果品种的嫁接亲和力强,抗旱、耐盐,但抗涝性差。福山小海棠砧木能够显著降低苹果苦痘病率,并具有一定的矮化作用,适宜于山丘地及盐碱地利用。

(5)八棱海棠 原产河北,冀北山区常见。八棱海棠耐寒、抗旱、耐盐,适应性强。八棱海棠砧木能够降低苹果缺铁黄叶病率。

(6)平邑甜茶 原产于山东省平邑白云岩和恶峪一带的蒙山山区。与苹果嫁接亲和力强,根系发达,抗逆性强。

(7)陇东海棠 主要分布在甘肃、陕西、四川、河南和宁夏等地。陇东海棠砧木与苹果嫁接亲和力强,抗旱、抗病性强,并具有矮化作用,适宜高海拔地区栽培。

(8)莱芜难咽 莱芜难咽抗旱、抗盐碱,其砧木有一定的矮化作用,能显著降低苹果缺铁黄叶病率,适于苹果密植丰产栽培。

(9)M 系砧木

①M2　与苹果嫁接亲和力较好,较抗干旱、抗涝,根系深而广,固地性强。压条育苗生根能力差。适于黄河故道、烟台地区、浙江省一些地区栽植。

②M4　与苹果嫁接亲和力较好,用作自根砧或中间砧嫁接红星、金冠或富士,产量比用八棱海棠或山定子砧木成倍增加,而且果实色泽、品质均明显提高。适于大部分苹果产区,但盐碱地慎用。

③M7　半矮化砧木,与苹果嫁接亲和力好,较抗旱、耐瘠薄。用作自根砧或中间砧较好,嫁接元帅系、红富士等品种早实、丰产性好,果实品质佳。适应性强,适应范围广,适于大部分苹果产区。

④M9　矮化砧,较耐涝,抗旱、耐寒力较差。压条发根较差,根系发育较差,固地性弱。在生产中宜作为中间砧应用。适宜于陕西关中、山西晋南、山东青岛和江苏大丰等地适当发展,其他地区不宜栽植。

⑤M26　矮化砧,抗花叶病和白粉病,固地性比 M9 强,压条繁殖易生根,以 M26 作砧木结果早,丰产性好,成熟期早。优适于作红富士、乔纳金等品种的中间砧或自根砧。在我国应用较多。适宜在陕西、山东、辽宁等省适当发展。

⑥M106　半矮化砧,较抗干旱、耐瘠薄,抗棉蚜和病毒病,但易患白粉病。根系发达,固地性好,压条育苗生根良好,宜作为短枝型品种的中间砧或自根砧使用。适宜于土壤肥力较差的山地应用。

(10)CG 系砧木　美国康奈尔大学与杰内瓦农业试验站育成,M8 自然授粉的实生苗。用山定子嫁接的 CG10,生长势中庸,用其嫁接国光、富士、红星等品种,亲和良好,早实、丰产性好。CG23 树势中庸,与苹果亲和力好,早实、丰产性强。

3. 苹果砧木种子播前应怎样处理?

春播及播种前需要催芽的种子必须经历一个后熟的过程,才能正常发育。实生砧木种类不同,种子后熟所需低温时间也不同。有关资料显示,山定子种子后熟一般需要 30～50 天的低温时间,烟台沙果需 70 天左右,八棱海棠 40～60 天。根据种子这一特性,砧木种子播种前,常常需层积冬藏,以满足其对低温的要求。开始层积冬藏的时间,可依据实生砧木种子所需的低温天数和播种期而确定。例如,在烟台地区,实生砧木种子适宜在 3 月中下旬播种,因此,山定子宜在 2 月上旬开始层积冬藏,烟台沙果宜在 1 月上旬开始。

种子层积通常用洗净的细沙作为层积材料。层积通常有两种方法,一是冬季露天沟藏;二是用木箱、花盆或于室内地面上堆藏。

如果需层积的种子较多,可采用冬季露天沟藏。具体方法是,于土壤封冻前选择地势高、干燥、排水良好、背风阴凉处,挖深60～80 厘米的沟或坑,沟宽 80～100 厘米,长度随种子量的多少而定。首先,于沟底铺一层厚 10 厘米左右的湿沙,摊平。然后,从沟底每隔 1.5 米竖插一束秫秸把到沟顶,作为通气孔。最后,取洗净的湿细沙,湿度以手握成团不滴水、松开时能裂开为度,按照 1 份种子对 5～8 份湿沙的比例,将种子与湿沙混匀。将混匀的种子和湿沙放入沟里,堆到离地面 10 厘米左右处,摊平,再覆湿沙至地面,最上面覆土成屋脊形。注意,贮种沟的四周要注意挖排水沟,以防雪水和雨水侵入;采取措施防止鼠害;春节过后,温度渐升,应时常检查种子,如发现霉烂种子,应及时清除。

如果需层积的种子数量不多,可采用第二种层积方法。将种子与湿沙混匀(混合比例同上),直接装入木箱或花盆内。木箱或花盆应先铺 3～5 厘米的湿沙,种子上面再覆一层厚 3 厘米左右的湿沙,埋藏在冷凉、背阴、湿度变化不大的地方。

4. 苹果砧木苗如何培育?

根据苹果苗圃地的立地要求,选择合适的地块建立苗圃地。苗圃的播种地在秋季最好翻耕一次,使土壤熟化,土层疏松,提高肥力,以利于苗木根系的发育,翻耕可结合做畦进行,结合翻耕施入有机肥。春季播种前,再将畦梗稍做修整,然后灌足底水。注意保墒。

苹果实生砧木多在冬季或春季播种。冬播出苗早,出苗齐,生长旺,抗立枯病,宜在 11 月上旬土壤封冻前进行。在冬季、春季风沙较大的地方,则以春播为宜。春播宜在 3 月中下旬土壤解冻后进行。

播种方式可以采用条播和苗圃散播。条播,在畦内顺向开 3 条沟,行距 40 厘米。也有采用宽窄行播种的,宽行约 50 厘米、窄行 15 厘米,每畦可播 4 行;苗畦散播,播种前先做成宽约 1 米的苗畦,由畦内起出覆土,整平畦面,灌足底水,然后散种。最后,在畦面覆盖厚 1～1.5 厘米的土。

播种深度依土壤条件而定。沙质土壤可深播,黏性土壤可浅播。播种量可根据计划出苗数,再以种子出苗率、成活率、保险系数等计算。为节省种子并保证苗齐苗壮,有条件的可以采用集中育苗移栽的办法。如在温室内用营养袋育苗,然后再到苗圃内定植,春季可提早出苗 1 个月,到夏季砧苗可全部达到嫁接粗度,相当于缩短 1 年时间。注意播种前,待播的种子不可在阳光下直射。为争取早播种早出苗,提高当年嫁接的百分率,可用覆盖地膜的办法,不仅可以促进苗木生长,还可减少播种量。

播种后注意土壤墒情,扒开表土看看种子萌芽、扎根情况,在胚根扎下去之后,抗旱能力会逐渐增强。如发现土壤干旱,要及时喷水,一次喷水量不要过大,遵循小量多次的原则。幼苗出土前要撤掉覆土或其他覆盖物,使幼芽顺利出土,及早接受阳光。幼苗出齐后,要适时间苗,首先间去成簇的,随着苗子的生长,再间过密的。同时,拔掉生长弱的、子叶畸形、病虫危害的幼苗。对缺苗断垄的,应及时移栽补齐。幼苗宜在阴天或下午移栽,补苗前要灌水,尽量减少伤根。当幼苗长出3～4片真叶时,即可按株距定苗。

实生砧苗生长期应加强土肥管理。播种后2～3个月应追施两次速效氮肥,每次每公顷45～60千克。生长较弱的砧苗,可在7月上中旬再增加一次追肥,施肥量与前两次相同。另外,应结合浇水松土、除草。6月中旬前后,当苗木具有10～12片真叶,进入生长盛期时,摘心一次,可以使苗木加粗生长。

应加强苗圃的病虫害防治工作。在畦面散布毒土,以防治地下害虫,如蝼蛄、蛴螬、鼠类等;防治蚜虫、毛虫类可以使用乐果等;播种前消毒土壤,及幼苗期灌水控制水量可降低立枯病发病率。

如苗木达不到当年嫁接粗度,可在越冬前于苗木基部培土,以便安全越冬。

5. 苹果苗嫁接有哪几种方法? 怎样进行?

嫁接在我国沿用已有两三千年的历史,是果树生产中一项重要的技术措施。其方法很多,苹果苗嫁接通常应用枝接和芽接。

枝接就是用植株的一段枝条作接穗进行嫁接。方法很多,例如皮下接、劈接、切接、皮下腹接、靠接、桥接等。

(1)皮下接 嫁接时,先在砧木需要嫁接的部位选光滑无伤疤处将砧木剪断或锯断,断面要平滑。然后选一段带有2～4个芽的接穗,于芽顶对方削一长为3～5厘米的削面,再在长削面背后尖端削长约0.6厘米的短削面,紧接着将削好的接穗插入砧木皮内。不要把削面全部插入,留0.5厘米左右,称作"留白"。接好后,可根据砧木粗细,将塑料薄膜剪成一定宽度的条子包扎。接穗顶端创面也应用小塑料条包住或涂蜡。假若嫁接部位接近地面,包扎材料可改用麻皮捆绑,然后用湿土埋住,土厚约6厘米。

(2)劈接法　处理方法基本同皮下接。从需要嫁接的部位将砧木剪断并削光创面后,在中间劈一垂直的劈口。削取接穗,选带2~4个芽的一段,在下部芽的两侧各削一长为3~4厘米的长削面,削时应外面稍厚,里面稍薄,并应距下部芽1厘米处下刀,以免伤害下芽。削好后,厚面向外,薄面向里,将接穗插入砧木劈口,务必使接穗的形成层和砧木的形成层对准。同样注意"留白"。包扎和埋土方法与皮下接相同。

(3)切接法　一般适用于小砧木。嫁接前先将砧木从需要嫁接的部位剪断,削平创面,由创面1/3处劈一垂直切口,深3~4厘米。然后在接穗正面削一刀,长度与砧木劈口相仿,背后再削一马耳形小切面,长约1厘米,然后接穗留2~3芽剪断,顶芽留在小切面一边。将大削面向里插入砧木劈口,使其砧木与接穗的形成层一边对齐,然后捆绑埋土,方法与劈接相同。若用塑料条捆绑,接穗成活出土后,应及时解绑。

(4)皮下腹接　常用于大树的高接换种或插枝补空。嫁接前,确定好嫁接部位,先将树皮切一个与接穗直径大小相仿的倒三角形口,并顺三角口中间向下切一刀,长3~4厘米,成为漏斗形。然后把接穗按皮下接的削法削好,立即插入切口内,用塑料条包好即可。

(5)桥接法　主要用于挽救因腐烂病或其他伤害使主干或大骨干枝的树皮严重受损的果树。桥接有两种接法,一种是利用靠近主干的萌蘖的上端与主干伤口以上结合;另一种是用一根枝条使两端接在伤口的上下两端。桥接实际属于腹接法,砧木切口和接穗削面的削法都和腹接相同。

(6)芽接　是应用最广的一种嫁接方法,由于树种和各地气候不同,芽接的适宜时期也不同。苹果芽接主要是在7~9月份。

①"丁"字形芽接法　又名盾状芽接。通常采用1~2年生小砧木。嫁接时,先在砧木距地面5厘米处选西北方向光滑无疤部

位,切一"丁"字形,然后削取接芽,用刀从芽的下方1.5厘米处削入木质部,纵切长约2.5厘米,再从芽的上方1厘米左右处横切一刀,然后用手捏住接芽瓣下芽片。插接芽时,用芽接刀柄先把接口挑开,将芽片由上向下轻轻插入,使芽片上方同"丁"字形横切口对齐,最后用0.5~1厘米宽的塑料条或用稻草、玉米苞叶捆绑。

②方形芽接　大方快芽接一般也只适于1~2年生小砧木嫁接。嫁接时先将砧木在地上5厘米左右处剥去一圈,宽2~3厘米。砧木切好后,在接穗上取同样宽度的一个芽片,使接芽居中,立即将芽片放入切口内,用塑料条上下捆紧。

③"工"字形芽接法　方法与方形芽接法基本相同,嫁接时先砧木嫁接部位切一"工"字形切口,切口纵横长约1.5厘米,然后取一个1.5厘米边长的方形芽片,接芽居中,把砧木切口撬开,放进接芽,用切开的砧木树皮把芽片盖上,在用塑料条绑紧。

④单芽腹接法　与一般的腹接基本相同,但接穗改为单芽。接穗削成楔形,大面切口较长,约2.5厘米左右,嫁接时靠里;小面切口较短、较陡,长约1.5厘米左右,嫁接时靠砧木切口的外面。砧木削一斜切口,深达木质部,长度与接芽相仿。插入接芽后随即剪砧,用塑料条绑严,不要解绑过早,以免影响成活。

⑤嵌芽嫁接法　可应用于春季和生长季。削接穗时,先从芽的上方向下竖削一刀,深入木质部,长约2厘米左右,然后在芽的下方稍斜切一刀入木质部,长约0.6厘米,取下芽片。砧木切口的削法与接芽竖刀相同,但比接芽稍长。插入芽片后用塑料条捆绑。春季嫁接后随即剪砧,以利接芽萌发。秋季嫁接若接穗或砧木不离皮时,亦可用此法。但不剪砧,捆绑也不露接芽。

6. 影响嫁接成活的因素有哪些?

具有一定亲和力的果树嫁接后能否成活,决定于砧木和接穗间能否相互密接,产生愈伤组织很好地愈合,并分化产生出新的输导组织。因此,影响嫁接成活率的最主要的因素是砧木和接穗的亲和力。所谓亲和力,是指砧木和接穗在内部组织结构上,生理和遗传特性上,彼此相同或近似,通过嫁接结合在一起能愈合生长的能力。不论用哪一种嫁接方法,不管在什么样的条件下,砧木和接穗之间都必须具备一定的亲和力才能嫁接成活。嫁接亲和力弱或完全不亲和的现象是常见的,并有种种不同表现。有的嫁接后表现完全不能愈合,有的表现勉强愈合而极不牢固,或者能愈合但接芽不能萌发,或是萌发后生长很差,还有的是嫁接成活后,愈合部分生长不协调,发生所谓"大脚"和"小脚"现象。嫁接亲和力与砧木和接穗的亲缘关系远近有关。一般说来,亲缘关系近的亲和力强,因而嫁接成活率也高。所以同属、同种间嫁接易成活,不同属嫁接亲和力较弱。但是也有例外,例如梨和榅桲嫁接,核桃和枫杨嫁接,虽不同属,却易成活,并生长良好。另外,有的果树嫁接不能砧穗倒置,否则便不亲和。如日本栗接于中国栗上生长良好,而中国栗接于日本栗上,则亲和不良。由此可见,亲和力在不同树种之间,其表现是不同的。

另外,砧木和接穗贮藏养分的多少、愈合组织产生的快慢以及外界气候条件、嫁接技术都对愈合有密切关系。有人曾对苹果嫁接愈合的环境条件做过研究,说明温度、湿度、通气状况与愈合有关。苹果在 0℃～40℃都能形成愈伤组织,5℃～32℃之间愈合的速度因温度增高而增大,超过 40℃ 时则会引起组织死亡,20℃ 左右的温度最有利于愈合。空气相对湿度低于饱和状态,或者通气不良均妨碍愈合。

7. 如何有效管理嫁接后的苗木?

(1)检查成活 嫁接后 10～15 天即可检查成活情况。芽接一般可以从接芽和叶柄状态来检查,凡接芽新鲜、叶柄一触即脱落即为成活。

(2)松绑 芽接苗接后正处于茎干加粗生长的旺盛期,通常在接后20天左右,接口完全愈合,个别植株在接芽部位出现轻度缢缚现象时,说明绑缚物过紧,应及时松绑或解除绑缚物,以免影响加粗生长和绑缚物陷入皮层,使芽片受损伤。加粗生长慢的树种,20天后也应除去绑缚物。松绑的方法,通常是在接芽相反部位,用刀划断绑缚物。这样接芽已经成活,但尚未萌发就成为半成苗。

(3)补接 对未成活的应及时补接。一般是在检查成活后即进行,过迟砧木不能离皮、嫁接难度大,影响成活。

(4)剪砧 秋季芽接,以半成苗越冬,在翌年春季接芽萌发前,及时剪去接芽以上的砧木,以集中养分利于接芽萌发生长。剪砧不宜过早,以免剪口风干和受冻;也不要过晚,以免浪费养分。剪砧时,剪刀刃应向接芽一面,在离接芽0.5~0.8厘米处剪下,剪口向接芽背面微向下斜,有利于剪口愈合和接芽萌发生长。风大地区,在不设立支柱时,可分两次剪砧:第一次在接芽上留15厘米左右将砧干剪去,利用这段砧干扶绑萌发的接芽新梢,使之直立生长;待接芽新梢基部木质化时,再剪去接口上的这一段砧木。二次剪砧的缺点多:一是增加了除萌蘖的工作量;二是因留长砧,对接芽的萌发生长有所控制;三是第二次剪砧迟,截面愈合也迟,对生长不利。所以第二次剪砧的时期,以在接芽新梢基部木质化时,及早进行为好。剪砧时,对越冬后未成活的,春季可用枝接法补接。

(5)抹芽、除萌蘖 剪砧后,从砧木基部容易发出大量萌蘖,须及时、多次除去,以免和接芽争夺养分,使养分集中供应接芽的生长。对枝接苗,如一个接穗上萌发2个以上新梢,通常选留1个壮梢,其余全部除去。

(6)土肥水管理及病虫防治 施肥应着重于前期,即6月以前,以促进前期生长。干旱时要及时灌水。入秋后一般不再施肥灌水,使苗木充实。苗圃内要经常保持土壤疏松,无杂草。必须及时做好苗期的病虫害防治工作,提高苗木的质量和产量。

(7)整形和修剪 苗高 120 厘米以上时,可摘心,促进加粗生长。对于计划在圃内整形、培养大苗的,应按圃内整形要求,苗高 65～70 厘米时摘心处理,促发副梢形成一级主枝。准备利用副梢整形的苗木,需要较大的营养面积,砧木株行距应适当加大。苹果苗木一般应在 6 月下旬以前摘心,最迟不晚于 7 月上旬。到了摘心时期而达不到摘心标准的不可勉强摘心。摘心部位宜在节间已充分伸长而尚未木质化处,摘除嫩梢 10 厘米左右。为了培养良好的树型,对基部萌发的副梢,应及时抹去,只保留上部的副梢作主枝和中心领导干枝,在秋季达到需要长度后再行摘心,以促使枝干生长充实。

8. 怎样培育矮化自根砧苗木?

培育矮化自根砧苗木常用压条法和嫁接法。压条法可分为垂直压条法、水平压条法、先端压条法和空中压条法。这几种压条法在生产上多交互使用,然后嫁接栽培品种。

(1)水平压条法 此法是在早春发芽前,选母株上近地面的枝条,剪去嫩梢,然后顺枝的着生方向开放射状沟,沟深 5～10 厘米,将枝条水平压入沟中,用木钩固定于地面。待各节上的芽萌发,新梢高 20～25 厘米时,开始培土。这时新梢基部已经半木质化,培土将使压入枝条的每一节位在发生新梢处生根。新梢靠近培土部位逐渐生根,到落叶后休眠期留基部靠近母株的枝,作为翌年再压条用,余者逐一剪截,成为许多新的植株。

当年定植压条繁殖的母株,可以按行距 1.5 米、株距 30～50 厘米定植,植株与沟底呈 45°角倾斜栽植。

(2)垂直压条法 垂直压条法主要用于根颈部位易发枝的树种,如苹果和梨的矮化砧、中国樱桃、李、石榴、无花果等果树。具体方法是将母株基部萌蘖从近地面 2 厘米处剪断,多施肥水,促使再发萌蘖。当新梢长达 15～20 厘米时,开始第一次培土,培土高

三、育苗

度 7～10 厘米,以后随新梢生长及雨水冲刷再多次培土,培土前应先灌水,培土后注意保持土壤湿润,促使每一新梢基部发生新根。一般培土后 20 天左右开始生根,落叶以后扒开培土,自每一萌蘖发根部位以下,靠近母株处切离,即成为新株。

(3)先端压条法 此法是利用枝条顶芽,既能长梢又能在梢部生根。通常在夏季新梢尖端已不延长时,将先端压入土中。如压入太早,新梢不形成顶芽而继续生长,压入太晚,根系生长差。压条生根后,即可剪离母体成一独立新株。

(4)空中压条法 又称高压法。此法在整个生长季节都可以进行,而以春季和雨季较好。高空压条时,选用充实健壮的 2～3 年生枝段,也可用 4～5 年生枝段,但枝龄大则发根差。具体方法是:在枝下部环剥,宽约 2 厘米左右,注意刮净皮层及形成层(也可刻伤处理),再于剥皮处加上保湿生根材料,然后用塑料薄膜包扎于环剥口上,两端扎紧。保湿生根材料,以苔藓或沙质土壤为好,用锯木屑也好。高空压条后要经常检查,并补充水分保持湿润。如过湿可将下端扎绳略微放松,让水分外散。如有霉烂,则需改压。通常压后 2～3 个月即可生根。生根后连同生根材料切离母体,然后将新植株假植起来,一般假植 1 年。假植时应遮荫,待根系强大后定植。空中压条技术易掌握,成活率高,由于是多年生枝,故可获得大苗,能很快结果形成产量,但存在繁殖系数太低,对母株损失大的缺点。

矮化砧自根苗分株后,按 15～20 厘米×50～60 厘米株行距栽植到嫁接圃内。秋季距地面 5～10 厘米处芽接。翌年春剪砧,当年秋天成苗即可出圃。出圃管理同塑料小拱棚育苗法苗圃管理。

此外,也可将矮化砧嫁接到无病毒的健壮幼树或成龄大树上,这样可得到大量繁殖用的矮化砧枝条。这些枝条可以进行矮化育苗,也可嫁接于实生砧上压条繁殖用。此法必须严格注意病毒传染或品种型号的混杂等。

9. 怎样培育矮化中间砧苗木?

矮化砧木自根苗木繁殖系数低,时间长,不能适应生产发展的需要,而且矮化砧根系不发达,固地性差,易受风害,较难适应果树要求。因此,采取矮化中间砧的形式育苗,可提高矮化砧苗木的繁育速度。

矮化中间砧苗木是由基砧、矮化中间砧和品种3段组成,在乔砧实生苗上嫁接矮化砧接穗,待矮化中间砧接穗长到所需的一定高度后,再于其上嫁接苹果品种。基砧多用根系强大,对土壤适应性强,且繁殖容易的乔砧。从生产实践中看到,矮化中间砧苗木,不仅具备了矮化自根砧的结果早、产量高、品质好、管理方便的优点,而且还克服了矮化自根砧根系差的缺点。可以充分利用各地资源丰富的砧木资源,加速繁殖,对促进苹果的矮化密植栽培增加了有利条件。

矮化中间砧苗木培育方法:

(1)单芽接法 第一年春季播种,培育乔砧实生苗。应用塑料小拱棚法,提早播种,及时断主根,促进苗木侧根生长等措施2年即可出圃。同时注意多施基肥,适当追施化肥,促使矮化砧提早发芽,以保证适期嫁接。秋季在基砧上嫁接矮化砧。第二年春天剪砧,使矮化砧芽萌发抽条,秋季再在矮化砧下部20厘米处嫁接苹果品种芽。第三年春剪砧,秋季可长成矮化中间砧苗木。如果矮化砧苗木粗壮,也可于夏季6~7月份嫁接苹果品种,当年即可成苗。

(2)枝、芽接结合法 秋季在矮化砧枝条上,每隔15~20厘米芽接上苹果品种芽,翌年春将其带接芽的枝段剪下,在采用舌接或劈接等方法接到基砧上,秋季可长成矮化中间砧果苗。

(3)二重砧嫁接法 这种接法是采用舌接、劈接、插皮舌接等先把苹果品种接穗嫁接在矮化砧枝段上端(可以在春天室内嫁接)。矮化砧可用上年芽接剪砧剪下的枝条,长度 20～25 厘米一段,一端再接到基砧上,当年即可长成矮化中间砧果苗。

以上三种方法无论采用哪种方法,都必须注意矮化砧木的韧皮部较普通品种和普通砧木的韧皮部厚,嫁接时要特别注意形成层对齐,否则将影响嫁接的成活率。

10. 苹果苗木出圃前应做好哪些准备工作?

苗木出圃一般在秋末、冬初进行,是育苗工作的最后一个环节,也是很重要的一环,直接影响到苗木质量、定植成活率及幼树生长。因此,应当充分准备苗木出圃工作。苗木出圃前的准备工作主要有以下几点。

①对即将出圃的苗木进行一次核查,核对种类、品种、统计等级、数量。

②根据核查结果及苗木去向(发运,当地栽植或假植贮藏等),制订出圃计划及操作规程。出圃计划包括劳力组织、工具准备、消毒药品、包装材料、起苗及调运日期等的安排。操作规程包括挖苗的技术要求、分级标准、包装及假植的方法要求等。

③积极与购苗单位及运输单位接洽,保证及时装运、转运、运输路线畅通,最大限度地缩短运输时间,以提高苗木运输质量和栽植成活率。

④若是秋季干旱年份,为避免苗木受旱而影响定植成活率,以及土壤过干造成挖苗困难和挖苗时断根过多,应于起苗前 1 周进行灌水。

四、建　园

1. 建立优质苹果园在选址方面有哪些基本要求?

建立苹果园,选择适宜的土壤及良好的环境,具体要求:

①应选择土层深厚、肥沃疏松、保墒性强、排水良好、酸碱度适宜的土壤条件。土层厚度 80 厘米以上,土壤孔隙中空气的含氧量15%以上,土壤酸碱度以 pH 5.5～6.5 为宜,但若砧木选择得当pH 5～8、土壤含盐量在 0.1% 以内也可正常生长结果,地下水位1.5 米以下,有些地下水位较高的土地,应通过挖排水沟等方法降低地下水位后再行栽植,土壤肥力最好能在 1% 以上,且地势平坦,有良好的排灌条件。为让苹果树上山下滩,改良山地挖大定植穴、河滩地抽沙换土。选址土壤以肥沃的壤土和砂壤土为宜。

②应根据苹果品种对气候条件的适应能力选择适宜的生长发育环境。如温度、光照、水分等。

③选址要考虑地形、地势、坡度、坡向的影响。

④果园应集中连片,便于管理;交通便利,附近有贮果场及设备;还应有果园防护林,避开重茬地,躲避城市近郊污水及有害气体的危害。

2. 建立优质苹果园怎样选择品种? 怎样配置授粉品种?

(1) 苹果品种的选择　一个地区苹果栽培品种可分为最适宜品种、适宜品种、次适宜品种和不适宜品种。所谓最适宜品种,就是对当地生态环境和栽培条件具有最佳适应性,最能体现当地苹果区域特色优势和特色的品种。最适宜品种应当作为该地区的主栽品种。适宜品种就是能够较好的适应当地生态环境和栽培条件，具备抗寒、休眠、丰产和果实质量高等优点。次适宜品种应具备丰产和果实质量高的优点，其他条件可以比适宜品种稍差一些。不适宜品种就是指不能保证苹果树多年持续生长的品种，一般不适于栽培。从上述分类品种中可选出主栽品种、辅栽品种、试栽品种和试验品种。

主栽品种可选用最适宜品种，一般应具备晚熟、优质、丰产、耐贮、畅销的优点。其中早结果、早丰产品种更优，一般要求2～3年结果，5～6年丰产。主栽品种不可过多，以2～3个为宜，一个果园小区一般只栽1个主栽品种。

辅栽品种一般选择适宜品种或最适宜品种，成熟期应与主栽品种错开，一般选择早、中熟品种。有关试验表明，早、中、晚熟品种比例大致以1：2：7为好。

试栽品种可有可无，可依据具体条件而定，一般选用次适宜品种。

在苹果园中，要预先留出一小块地，作为试验用地。苹果是芽变率高的果树，如发现芽变现象，可进行芽变选种栽培，同时还可进行引种栽培、实生栽培、性状对比试验等，甚至还可以进行新品种区域试验，一些试栽品种也可进行试验性栽培。

(2)配置授粉树 苹果树为异花授粉结实树种，若品种单一，往往授粉不良，要合理地配置授粉树。选择授粉树的标准是：授粉树与主栽品种授粉亲和力强，最好能相互授粉；授粉品种花粉量大，与主栽品种花期一致，树体长势、树冠类型基本相似；授粉品种果品质量较好，经济价值高（如表1）。

主栽品种与授粉品种的比例一般为4～5：1，授粉树缺乏时，至少能保证8～10：1。授粉树的配置距离应根据昆虫的活动范围、授粉树花粉量大小而定，一般距离主栽品种不超过40～50米，花粉量小的要更近一些。

表1 苹果品种的适宜授粉组合

主栽品种	授粉品种
红富士	元帅系、王林、千秋、金冠、嘎拉
短枝富士	首红、新红星、金矮生
乔纳金系	王林、红富士、嘎拉、元帅系
王 林	嘎拉、红富士、千秋
首红、新红星	金矮生、短枝富士
嘎 拉	富士、金冠等
藤牧1号	嘎拉、新红星等

授粉树的配置方式在生产中可采用两种方式：一种是成行栽植，每隔4～5行配置1行授粉品种，便于田间操作；另一种是梅花形或间隔式，按照4～5：1的原则，在周围4～5株主栽品种间配置1株授粉品种。如果两个品种互为授粉树时，可采用各品种2～4行相间对等排列方式。另外，要注意多倍体品种，如新乔纳金、陆奥、世界一和北斗等，因其自身花粉发芽率低，配置授粉树时，最好选配2个品种，以便相互传粉。

3. 优质苹果园在栽植前有哪些准备工作？

定植前的准备工作主要有土地准备，苗木准备，定值点测定，定植穴或定植沟的挖掘，肥料准备和水源准备。

(1)土地准备 先对果园土地进行区划。对区划出的各小区土地进行深翻改土、土地平整，将熟土翻入根系分布层（20～60厘米土层）。若土质贫瘠或缺乏有机质，可结合深翻施入有机肥，也可先种植绿肥，或铺上作物秸秆、杂草等。小区边行与小区边界留半个行距，两头与小区边界要有半个株距。

(2)苗木准备 于秋季将苗木准备好，按照规划好的品种、数量进行沙藏。定植前应检查是否霉干。如有苗木出现严重问题，应及时补救，以免影响成活率。苗木要选择优质壮苗，品种纯正，大小整齐。苗高应为 0.9～1.2 米，地上茎距嫁接部位 10 厘米处的茎至少 0.8 厘米，整形带内饱满芽至少 6 个。特别注意根系质量，因掘苗时造成的根系长度和数量减少，都不能算是合格苗木。合格苗木根系良好，侧根发达，至少 4 条，长度至少 20 厘米。此外，还应检查有无病虫害。根据苗木粗度、长度和根系情况，对苗木进行分级。同一级别的苗木集中栽植，以便于管理。自育苗木也按同样的要求，栽植时挖大穴，随挖随栽。

(3)定植点测定　平地果园的定植点测定，首先，以果园边界的道路或干渠等为参照，确定果园行线的基线。然后，按照株距在基线上确定第一行树的定植点，用白灰或木桩标记。接下来，用勾股弦法在基线两边划出两条垂线。在垂线上按照行距确定行距点，连接两垂线上对应行距点，逐行按株距确定定植点，用白灰或木桩标定。山地果园定植点的标定，最好先撩壕或修梯田，然后通过等高线按照株距确定定植点。此外，还应在最上和最下等高线外侧，基线左右分别增设附加基点，以便于对定植点的检查调整。在已修好梯田或撩壕的坡地上，可直接按株行距确定栽植点。

(4)挖定植穴或定植沟　定植穴或定植沟是根系生长的微环境，其质量好坏直接影响栽植成活率、幼树生长及早期产量。挖定植穴或沟，应比栽植果树时间提前 3～5 个月，以使土壤有一个熟化的时间。秋栽果树最好在夏季挖穴(沟)；春栽的最好在前一年秋季挖穴(沟)。干旱地区可在雨季前挖穴(沟)，回填土壤，雨季后挖小穴栽植，可减少浇水量。若雨季后挖穴，可减小穴(沟)规格，栽植后再逐年深翻扩穴。

株距在 3 米或 3 米以上且土壤条件较好的果园，宜挖定植穴。定植穴一般长、宽、深各 1 米即可，若下层土壤黏重或有砾石，应适当加大。株距 2 米或 2 米以下的果园，适合挖定植沟。一般沟宽

0.8～1 米、深约 0.8 米。若土壤贫瘠或有砾石存在,沟应适当加宽加深,宽 1.5～2 米、深 1 米,将砾石清除,回填土后,挖小穴栽树。结合挖穴(沟)可以进行土壤改良,营造良好的根系微环境。沙质土壤保肥保水能力较差,可换入一些黏质土壤。黏质土壤排水能力较差,可换入一些沙质土壤。

挖穴或沟时,表土、心土应分放。填土前,在穴(沟)底铺放 20 厘米左右的作物秸秆或杂草,并施入适量氮肥,以利于秸秆腐熟。填土时将表土与适量有机肥混匀置于根系分布层内,后填心土,浇水踏实。

(5)肥料准备 基肥状况对于苹果等多年生果树的生长尤为重要。栽植前根据土壤状况,应准备好充足的肥料,包括有机肥和无机肥。注意有机肥在施用前应充分的腐熟。

(6)水源准备 定植时,必须灌足水,所以充足的水源是必备的。不能漫灌,应采用水管或水桶灌水的方式

4. 栽植苹果树具体方法有哪些？为什么要搞起垄栽培？

(1)挖定植穴(沟) 在规划的园地用仪器和测绳打点,确定定植穴(沟)的位置。按定植点挖宽 100 厘米、深 80 厘米的定植穴,宽行密植的可挖定植沟。在挖定植穴(沟)时,要把熟土和生土分别放置。挖好后每株用 50 千克有机肥再加 0.2 千克氮肥和 0.5 千克磷肥与表土混匀,填入穴(沟)中,后填底土,随填土,随压实,填至距地面 20 厘米为止。

(2)栽植 将劈裂的根剪去,较粗的断根剪成平茬,然后用清水浸泡或用磷肥泥浆浸根。磷肥泥浆配制方法是:过磷酸钙 1.5千克,水 50 升,黄土 5 千克,腐熟牛粪 2.5 千克,充分搅匀即可。栽植时要纵横对齐,按株行距定好苗位。苗木放正后,填入表土,并轻提苗干,使根系自然舒展,与土壤密接,随即填土踏实,填土至稍低于地面为止,打好树盘,灌足底水,待水渗下后,封土保墒。栽

苗深度要适当,让根颈稍高于地面,待穴(沟)内灌水沉实、土面下陷后,根颈与地面相平为度,栽苗过深,树不发旺,栽苗过浅,容易倒伏。秋季栽植,可将定干的苗木埋土防寒,土堆高度40～50厘米,可防止苗木失水和抽干。同时要准备比定植数量多5%～10%的预备苗,假植在株间或行间,以备补栽。

(3)起垄栽培 对土壤贫瘠的果园,结合施基肥起垄栽培,可起到明显的增产效果。起垄栽培促进吸收根生长和发育。因为起垄栽培增加了土层厚度,使根系微环境水、热稳定,为根系生长发育创造了良好的环境,促发较多的吸收根。据有关资料显示,在0～40厘米的土层中,起垄栽培果树比平栽果树总根数量增加35%以上,直径2毫米以下吸收根增加30%以上。起垄栽培的果树根系发达,能吸收更多的养分和水分,从而有利于树体生长发育和花芽分化,提高坐果率和果实产量及品质。

5. 为什么要宽行密植? 株行距怎样确定?

栽植密度指单位面积上栽植的苗木株数。合理密植可以使单位面积株数增加,增大叶面积,从而最大限度利用光能;可以使植株群体作用增强,有效抵御风害、旱害、冻害、日烧等;可以使树体适当变小,有利于早期丰产,并便于管理。在苹果栽植上要遵循合理密植的原则,以达到增产的目的。

在长期的生产实践中,我国果农积累了"不怕行里密,就怕密了行"的宝贵经验。栽培苹果行距太小、行间太密,会严重影响植株生长结果;行内株间可以密一些,对生长结果的影响不大,并且使得单位面积上株数增加。确定合理栽植密度,要考虑空间环境和根际环境两方面因素。空间方面,主要考虑增大叶片总面积,最大限度地利用光能,同时又要防止树冠交叉,冠内风光条件差,特别是行内郁闭,冠内风光条件更差;根际环境方面,密植减少了植株根系生长空间,使根系对养分和水分吸收受到限制。阿特金森的研究表明,以株行距分别为 2.4 米×2.4 米、1.2 米×1.2 米、0.6 米×0.6 米和 0.3 米×0.3 米进行密植时,到果树 5 年生时,随着栽植距离的减小,单株根系干重由 298 克依次下降为 161 克、116 克和 84 克,单株根系总长由 175 米依次下降为 114 米、61 米和 41 米。根系的变化显著地影响地上部的生长和结果。特别是在行间密植的情况下,更会加重这种不利影响。因此,综合考虑密植栽培利弊,在苹果密植栽培中,合理密植宜采取行距大、株距小即宽行密植的栽植方式。

栽植密度应依据立地条件、品种类型、管理水平等综合考虑。首先应考虑品种特性、树冠大小,乔砧树密度小,短枝型及矮化砧树密度宜大。其次要考虑土壤状况,土层深厚的平原地,栽植密度宜小;山区和河滩地土壤瘠薄,密度宜大。此外,还要考虑间作计划、整形方式、栽植形式、机械化程度和总体管理水平等,管理水平高,肥水条件好,树体发育健壮且生长量大,密度宜小。近年来实行密植栽培,乔砧树的株行距一般为 3～4 米×5 米,短枝型品种或矮化砧树株行距一般 2～3 米×4 米。适当加大密度,可提高早期产量,增加经济效益,但密植栽培后必须加强栽培管理措施,防止密植园郁闭,降低产量和品质。

6. 苹果园防护林有什么作用? 如何营造苹果园防护林?

果园营造防护林不仅可以防止风沙侵袭,保持水土,涵养水源,还可使土壤和空气湿度增加,调节温度,减少冻害。防护林的作用范围,与它的结构、采用的树种、树体高度、果园地形等有关。在平地情况下,有效范围背风面约等于其高度的 25～35 倍,而距林带 10～15 倍距离的范围内效果最好。向风面有效范围约为林带高度的 5 倍。

由于结构不同,林带可分为透风林带和不透风林带两种。不透风林带是由多行乔木和灌木相间配合组成,防护距离较短,但防护效果好。透风林带,气流可从林间通过,使风速大减,因而防护范围较大。

防护林配置的方向和距离应根据当地主要风向和风力来决定,既要有效地防止风害,又要保证果园通风透光良好,管理方便。一般要求主林带与主风向垂直,通常由5～7行树组成。风大地区,可增至7～10行,其距离应相隔400～600米。为了增强主林带的防风效果,可与其垂直营造副林带,由2～5行树组成,带距300～500米。山地果园营造防护林除防风外,还有防止水土流失和涵养水源的作用。不论主林带还是副林带可适当增加行数,最好乔木与灌木混交。为了避免坡地冷空气聚集,林带应留缺口,使冷空气能够下流。同时,林带应与道路结合,根据具体地形和风向,尽量利用分水岭和沟边营造。果园背风时,防护林应设于分水岭;迎风时,设于果园下部;如果风来自果园两侧,可在侧沟两岸营造。

为了保证防风效果和利于通气,边缘主林带可采用不透风林型,其余均可采用透风林型。林带内株行距因林型和树种而不同,一般情况乔木株距1.5米左右,灌木0.5～0.75米,行距1.5～2米。为达到预期效果,应正确选择林带树种。本着就地取材的原则,选择对当地风土条件适应力强、树体高大、生长迅速、寿命长、与果树没有共同病虫害的树种。同时还可选一些适宜的果树砧木种类作为防风林的树种,以便采集种子,增加收益。常用的乔木树种有:杨、柳、榆、刺槐、侧柏、黑松、黑枣、山楂、枣和柿等。灌木有紫穗槐、杞柳和花椒等。

五、土肥水管理

1. 苹果根系生长有哪些特点?

苹果树萌芽前吸收根开始活动,直到 4 月下旬均可发生吸收根。制约吸收根发生和活动的主要因素,是贮藏营养水平和地温高低。"小年树"春季新根活动晚,发生量少。提高树体贮藏营养水平,利用地膜覆盖等措施提高地温,能促进春季吸收根尽早发生,对萌芽、展叶、开花、坐果十分有利。贮藏营养水平低的"小年树",春季吸收根发生量少,单靠根系吸收的养分,难以满足前期树体的需要。萌芽前后根外追肥,可以弥补贮藏营养的不足,是提高坐果率和促进前期生长发育的有效途径。4 月下旬以后,生长根发生量开始上升,5 月中旬达到高峰,可一直持续到春梢停长前。生长势弱的树,在发根高峰前追肥,能够促进新梢生长,有利于恢复树势。旺长树要控制肥水,对抑制新梢旺长和促花是必要的。春梢停长后,大约从 5 月底、6 月上旬开始,直到 7 月份,为新根发生的夏季高峰期。是一年中新根发生量最大、持续时间最长的时期。这时又是花芽分化期。旺长树、"大年树"适时追肥,可促进花芽分化。8 月下旬秋梢停长后直到落叶,是新根发生的秋季高峰期。树体负载量和保叶状况,对这次新根发生量影响最大。结果过多、叶片早落的,秋根发生量明显减少。秋根发生,与树体贮藏营养密切相关。秋季施肥,促进秋根发生,有利于提高树体的贮藏营养水平。

2. 苹果园深翻改土有什么作用? 应如何进行?

果园深翻改土对改良土壤结构、防治虫害具有重要的作用。

果树在生长季节中,由于各项农事操作活动频繁,如喷药、修剪、中耕除草、除虫、采果等,人在果园中活动,加上风吹、雨淋等,使土壤形成了板结层,土壤的通透性能大大降低,自我调节能力减弱。深翻以后,不仅可以打破板结层,增加土壤的空隙,提高孔隙度,促进土壤的通气性,并进一步熟化土壤,加速土壤中微生物的活动和有机质的分解,形成可溶性物质,便于果树根系的吸收,可有效地提高土壤肥力。

结合施肥深翻,不仅增加了活土层,而且可以促进土壤结构的改善,增加团粒成分,为果树根系创造一个良好的水、肥、气、热条件,促进根系向深延伸,从而增强树势和果树抵御干旱和严寒的能力。通过深翻还切断了一部分老的根须,起到促发新根的作用。果树根系得到更新,为翌年的萌芽、开花、结果奠定了有利的基础。

冬季深翻,把底层土翻到地表面,可以使在土壤中过冬的害虫暴露到地表层,有的被耕翻机具杀死,有的被鸟吃掉,有的被冻死。如桃小食心虫、桃蛀螟等,都可在深翻土壤时被消灭。

苹果定植前未进行土壤改良的,定植后可结合施肥、灌水逐年进行。为减少一次性深翻投资、用工太多,可在定植前挖好定植沟或定植穴,果树栽植后结合秋施基肥逐年沿定植沟或定植穴向外深翻,直至全园翻遍,不可留"隔墙"。深翻后浇一遍透水。深翻的时间一般在秋季采收后至落叶前进行,此时根系仍在生长,断根易愈合,并可产生新根。无水浇条件的果园可在 6~7 月份雨季前进行,以积蓄雨水。深翻也可在落叶后的冬前进行。我国北方春旱,春季尤其在旱薄山地只宜浅刨松土,不宜深翻。通过深翻使果园活土层深度至少达到 80 厘米,即深翻深度应在 80~100 厘米。深翻时尽量少伤根系,否则严重削弱树势。对于粗根应尽量保留,翻过之后及时掩埋,以防暴露时间太长造成根系死亡。翻后立即灌水,使根土密接。为防止一次性深翻伤根太多,可采取逐年、隔行深翻等方法。深翻 3~5 年后土壤又变坚硬,应每隔 3~5 年进行一次。

3. 苹果园覆草有什么作用？应如何进行？

覆草即把农作物秸秆、杂草、树叶等盖在地面上，厚度为15～20厘米。覆草后土壤温度变化平稳，并且有保水、透气、防止杂草丛生、不用耕锄等作用，覆草腐烂后，连续不断地释放出养分，连年覆草对于提高土壤有机质含量，促进土壤团粒结构的形成，具有显著效果。草源充足时可全园覆草，草源缺乏时可在树盘内覆草。覆草一般在5月中旬至6月中旬进行，盖草以后为防止风把草刮散，尽量把草压实，可在其上星星点点地压一些土块。覆草后应加大氮素化肥的施用量，可按幼树每株施尿素250克，初果期树每株1千克，盛果期树每株1.5～2千克的标准施入。覆草以后根系上浮，因此覆草应连续，每年坚持覆草。"今年覆明年扒"，造成覆草后养成的表层根系在扒草后受到破坏削弱树势。覆草对于瘠薄山地、缺水地块效果明显，在降水量较大的地区，覆草后可能会出现积涝现象，特别是果树根颈部位覆草后会由于积水，通气不良影响果树生长，可在根颈部留出一点空隙或放上少许石块，以利于通气。另外，覆草后给果园害虫提供了良好的越冬场所，应加强覆草果园的病虫害防治。

4. 苹果园清耕有什么作用？果园清耕有哪些缺点？

果园清耕为我国传统的果园土壤管理制度。首先要留足树盘，以利果园灌溉。幼龄果园行间实行间作，树盘内实行清耕。成龄果园全园应实行清耕。清耕果园要及时中耕除草，防止杂草丛生，与果树争夺养分和水分，还为病虫传播提供条件。中耕后土壤疏松，能提高地温，增加透气性，利于保墒，反射到地表的阳光，果园通风透光条件良好。但是，清耕果园肥效发挥较快，不利于养地，山地果园实行清耕，还会增加水土流失现象的发生。

5. 苹果树需要哪些营养元素？

苹果树的生长、发育和产量的形成，需要有机物质和矿质营养元素等两类营养物质。在有机营养物质中，最主要的是碳水化合物和蛋白质两大类。有机营养物质，是通过光合作用及树体内一系列的生理、生化过程形成的。碳水化合物在树体的代谢过程中，起着中心的作用，各种合成途径都与糖分有关。在代谢中起着重要作用的碳水化合物，主要有单糖、双糖以及多糖类等，它们既是呼吸代谢最重要的底物和生命活动最重要的能量来源，又是转化、合成其他营养物质的原料。

矿质营养物质中，既包括氮、磷、钾、钙、镁、铁和硫等大中量元素，也包括硼、锌、锰和铜等微量元素。苹果树体中矿质元素的总含量，一般不足干物质的 1%，总含量虽少，但在苹果树的生命活动和生长结果中起着重要和多方面的作用。

6. 苹果园施肥原则是什么？

苹果园施肥时不仅要考虑对苹果树体作用，还要考虑果实器官的营养需要，并且能使这些营养元素以适宜的量和比例积累在果实中。

果实内矿质元素组成中，大量元素以钾含量最高，其次为氮，二者占大量元素总量的 87%；中微量元素以铁含量最高，约占微量元素总量的 70%。矿质元素的作用特点，不同矿质元素对果实中营养成分影响不同，如锌、氮、锰对果肉硬度影响最大。色泽以钾、锌、磷为主，总酸量为铝、锌、铁，总糖量为氮、锌、镁。大量元素中氮、磷、钾、镁构成品质的主要因素。

因此，在生产中，注重以提高果品质量为主的施肥技术与方法，如氮肥施用时期比施用量更为重要，如红富士苹果 5～6 月份过量施氮肥影响果实着色；适量施用适宜比例的氮、磷、钾肥，有利于优质果生产,不同品种、不同地区施用比例不同。前期追施氮、磷肥,后期追施钾肥;重视钙、锌、硼等微量元素的施用,叶面喷用微肥等。

7. 有机肥料在苹果栽培中的重要作用是什么?

常用的有机肥主要指农家肥,含有大量动植物残体、排泄物、生物废物等。如堆肥、绿肥、秸秆、饼肥、泥肥、沤肥、厩肥和沼肥等。使用有机肥料不仅能为农作物提供全面的营养,而且肥效期长,可增加或更新土壤有机质,促进微生物繁殖,改善土壤的理化性状和生物活性,是苹果安全生产主要养分的来源。

基肥施用的最适宜时期是在秋季,一般在果实采收后立即进行。此时正值根的秋季生长高峰,吸收能力较强,伤根容易愈合,新根发生量大。加上秋季光照充足,叶功能尚未衰退,光合能力较强,有利于提高树体贮藏营养水平。同时,秋施基肥,由于土壤温度比较高,能够充分的腐熟,不仅部分被树体吸收,而且早春可以及时供树体生长使用。而落叶后施用基肥,由于地温低,伤根不易愈合,肥料也较难分解,效果不如秋施;春季发芽前施用基肥,肥效发挥慢,对果树春季开花坐果和新梢生长的作用较小,而后期又会导致树体生长过旺,影响花芽分化和果实发育。

8. 怎样确定苹果的施肥量?

苹果树施肥量的确定至关重要,一般情况下,苹果的产量和品质常随着施肥量的增加而提高,但当施肥量达到一定水平时,果实的产量和品质却会随着施肥量的增加而降低,由此必须确定经济施肥量。这与结果量、品种特性、树势强弱有关。

山东省苹果园的施肥量标准是每生产 100 千克果实,施纯氮(N)1.54 千克,磷(P_2O_2)0.64 千克,纯钾(K_2O)1.6 千克,土杂肥 160 千克。不同树龄的施肥量见表 2。

表2　山东省不同树龄苹果树的施肥量(千克/株)

树龄(年生)	土杂肥	硫酸铵	过磷酸钙	草木灰
3～5	100			
6～10	150～200	0.5～1.0	1.0～1.5	1.0～1.5
11～15	200～300	1.0～1.5	2.0～2.5	2.0～2.5
16～20	300～400	1.5～2.0	3.0～4.0	3.0～4.0
21～30	400～600	2.5～3.0	4.0～5.0	4.0～5.0

9. 苹果园穴贮肥水有什么作用？应如何进行？

穴贮肥水简单易行,投资少,收效大,具有节肥、节水特点,一般可节肥 30%,节水 70%～90%。在土层较薄、无水浇灌条件的山丘地应用,效果尤为显著,是干旱果园重要的抗旱、保水技术。具体做法如下:

(1)做草把　用玉米秸、麦秸或稻草等捆成直径 15～25 厘米、长 30～35 厘米的草把(要扎紧捆牢),放在 5%～10%尿素溶液中浸泡透。

(2)挖贮养穴　在树冠投影边缘向内 50～70 厘米处挖深 40 厘米、直径比草把稍大的贮养穴。依树冠大小确定贮养穴数量,冠径 3.5～4 米的挖 4 个;冠径 6 米的挖 6～8 个,围绕树根均匀分布。

(3)埋草把　把草把立于穴中央,周围用混加有机肥的土填埋踩实(每穴 5 千克土杂肥,混加 150 克过磷酸钙,50～100 克尿素或复合肥),并适量浇水,每穴覆盖地膜 1.5～2 平方米,地膜边缘用土压严,中央正对草把上端穿一小孔,用石块或土堵住,以便将来追肥浇水。

一般在花后(5 月上中旬)、新梢停长期(6 月中旬)和采果后三个时期,每穴追施 50～100 克尿素或复合肥,方法是:将肥料放于草把顶端,随即浇水 3.5 升左右。进入雨季,即可将地膜撤除,使穴内贮存雨水。一般贮养穴可维持 2～3 年,草把应每年换一次,发现地膜损坏后应及时更换。再次设置贮养穴时应改换位置,逐渐实现全园土壤改良。

10. 苹果园施肥方法有哪些?

苹果园的施肥可分基肥、追肥和叶面喷肥三种,每次施肥所施用的肥料种类、数量和方法等,因品种、树体的生长结果状况等都有所不同。基肥的施用方法分为全园施肥和局部施肥。成龄果园,根系已经布满全园,适宜采用全园施肥;幼龄果园宜采用局部施肥。局部施肥根据施肥的方式不同又分为环状沟施肥、放射沟施肥和条沟施肥等。

(1)全园施肥 方法是将肥料均匀撒施于果园内,然后再结合秋耕翻入土中。施肥范围大,效果较好,但因施肥深度较浅,易导致根系上翻。多用于成龄果园和密植果园。

(2)环状沟施肥 方法是在树冠外围稍远处挖一环形沟,沟宽 50 厘米、深 60 厘米,将肥料与土混合施入。开沟部位随根系的扩展,逐年外移,可以与果树扩穴结合进行。缺点是容易切断水平根。多用于幼龄果园。

(3)放射沟施肥 从树冠下距树干 1 米左右处开始,呈放射状向外挖 6～8 条内浅外深的沟。沟宽 20 厘米、深 30 厘米左右,长度可到树冠外缘。沟内施肥后覆土填平。此法与环状沟施肥相比,施肥面积较大,伤根较少。要注意隔年变换挖沟位置,扩大施肥面。

(4)条沟施肥 在果树行间、株间或隔行开沟,施入肥料,也可结合果园深翻进行。缺点是伤根多。

无论采用什么方法施肥,都要注意将肥料与土混合均匀,避免伤及大根。挖沟后要及时施肥、覆土、灌水,防止根系抽干。

11. 苹果园秋施基肥时期? 应如何进行?

基肥是苹果园最重要的一次施肥,它源源不断地分解释放出养分,供给果树各项生命活动之所需。基肥以有机肥为主,配合施入速效性化肥。有机肥和磷肥可一次施入,速效性氮肥施入全年施用量的 50%～60%,速效钾肥易淋失可留作追肥用,缺铁、缺锌的果园铁肥和锌肥可在施基肥时一次施入。苹果树定植时,每株应施基肥 20～25 千克,定植后每年施一次。1～2 生时每公顷施 30 吨优质有机肥,3～4 年生树每公顷施 37.5～45 吨,进入盛果期后应加大基肥施用量,按"1 斤果 2 斤肥"的标准施入优质有机肥。基肥施用量一般占全年施肥量的 70%左右。

施基肥的时间应在秋季,即中熟品种如元帅系在采果后立即施入,晚熟品种如红富士可带果施入基肥,因此基肥亦称"恩肥"、"礼肥"。生产中一般在早春或冬季施入基肥,对秋施基肥往往重视不够。秋季施基肥正值苹果树根系发根高峰,因此,断根后易愈合,在断根部位促发大量新根(主要是吸收根),翌年春季秋根可直接萌生出春根,发生早,根量大,对早春的萌芽、展叶、开花、坐果、抽枝十分有利,春梢生长加快,早长早停,避免秋季雨季萌发大量秋梢,利于花芽形成。此时施入基肥根系可很快吸收利用,对于提高叶片光合作用,增加贮藏营养(包括碳素营养和氮素营养)十分有利。

秋施基肥后经过晚秋、冬季和早春漫长时间的腐熟分解,肥效在翌年春季苹果需肥最多的营养临界期得到最大限度的发挥。如果在冬季或早春施入则肥效一时得不到发挥,雨季过后基肥肥效开始发挥反而引起秋梢旺长,花芽、枝条组织不充实,抗寒力下降。

施基肥的方法很多,可沿树冠投影外沿开环状沟或条沟,沟宽50 厘米左右,深度在 50～60 厘米,然后把有机肥、土、化肥混合施入。深翻扩穴的果园可结合深翻施入基肥,但不宜施得过深。基肥浅施可利于吸收根的发生,有利于早成花结果,同时基肥分解时放出二氧化碳,提高叶片光合作用。密植果园根系分布浅且集中,可在离树干 1 米的地方开放射状沟 5～6 条,深 30 厘米左右,近树干的一头稍浅,树冠外围较深,施入基肥后应立即灌水沉实,使土和根紧密结合在一起,利于肥料的分解和利用。

12. 苹果园追肥时期? 如何进行肥料选择和追肥?

追肥为速效肥,而基肥为缓效肥。追肥主要追施速效性化肥,在生长季苹果树需肥量最多的时期施入,满足果树对肥料的急需。根际追肥是基肥之外必不可少的施肥途径,可以弥补基肥肥效缓慢的不足。苹果树需肥时期与各器官建造的时期相吻合,一般可分为 4 次追肥。

(1)芽前肥 在萌芽前 1～2 周进行。此期是苹果树的氮素营养临界期,应以氮肥为主,施用量占全年氮肥总用量的 20%。

(2)花后肥 时期为 5 月底 6 月初。此时苹果树中短枝停长,花芽开始分化,树体贮藏营养消耗殆尽,叶片由发叶初期的浅黄绿色转为深绿色,开始完全依靠当年叶片制造的同化养分,是全年碳素营养临界期,此期追肥对花芽分化及幼果生长十分有利。以氮、磷、钾复合肥为好,氮肥占全年施入总量的 20%,钾肥占 60%。

(3)催果肥 时期为 7～8 月份。叶片光合效能最强,果实生长迅速,是决定果实大小及当年产量的关键时期,因此追肥能明显提高产量。追肥可用三元复合肥,氮肥占全年施用量的 10%,钾肥占 40%。

(4)采后肥 果实采收后结合施基肥进行,对于迅速恢复叶功能,增加树体贮藏营养十分有利。追肥时可采用放射状沟施或环状沟施,也可多点穴施。追肥宜浅,深度应在 20 厘米左右,施在根系集中分布区。在保肥保水能力差的沙滩地、山坡丘陵地,注意追肥时,应少量多次。

13. 苹果园根外追肥有什么好处？如何根外追肥？

根外追肥即叶面喷肥,把肥料溶解在水中,喷布于叶片上或枝干上。根外追肥可直接被叶片、嫩枝、幼果等的气孔、皮孔、皮层吸收,见效快,肥料利用率高,是除基肥、根际追肥外的应急补缺措施,例如套袋苹果叶面喷布氨基酸钙对于防止缺钙症的发生具有良好效果,对于易被土壤固定的钙肥、磷肥、铁肥、锌肥,采用叶面喷肥,效果十分明显。但要注意根据根外追肥的目的和时期,选择好肥料种类和浓度(表3);要在温度较低(18℃～25℃最适)、蒸发量小的情况下喷布以保持肥液的湿润状态,延长叶片的吸收时间,增加叶片吸收量;喷布叶背面,有利于提高肥效;掌握好浓度,避免肥害的发生;根外追肥不能代替土壤施肥。

表3　根外追肥肥料种类、适宜浓度及效果

种　类	浓度(%)	时　期	效　果
尿　素	0.3～0.5	开花到采果前	提高坐果率,促进生长发育
硫酸铵	0.1～0.2	开花到采果前	提高坐果率,促进生长发育
过磷酸钙	1～3(浸出液)	新梢停止生长	有利于花芽分化,提高果实质量
氯化钾	0.3～0.5	生理落果后,采收前	有利于花芽分化,提高果实质量
硫酸钾	0.3～0.5	生理落果后,采收前	有利于花芽分化,提高果实质量
磷酸二氢钾	0.2～0.3	生理落果后,采收前	有利于花芽分化,提高果实质量
硼　酸	0.1～0.3	盛花期	提高着果率
硼　砂	0.2～0.5 加生石灰适量	5～6月份	防缩果病
柠檬酸铁	0.05～0.1	生长季	防缺铁黄叶病

14. 苹果园如何间作绿肥?

(1)发展绿肥的好处

①来源广,数量大。由于绿肥种类多,适应性强,易栽培,农田荒地均可种植;鲜草产量高,一般每 667 平方米产量可达1 000~2 000千克,此外,还有大量的野生绿肥可供采集利用。

②质量高,肥效好。绿肥作物有机质丰富,含有氮、磷、钾和多种微量元素等养分,它分解快,肥效迅速,一般含 1 千克氮素的绿肥,可增产稻谷、小麦 9~10 千克。

③改良土壤,防止水土冲刷。由于绿肥含有大量有机质,能改善土壤结构,提高土壤的保水保肥和供肥能力;绿肥有茂盛的茎叶覆盖地面,能防止或减少水、土、肥的流失。

④投资少,成本低。绿肥只需少量种子和肥料,就地种植,就地施用,节省人工和运输力,比化肥成本低。

⑤综合利用,效益大。绿肥可作饲料喂牲畜,发展畜牧业,而畜粪可肥田,互相促进;绿肥还可作沼气原料,解决部分能源,沼气池肥也是很好的有机肥和液体肥;一些绿肥如紫云英等是很好的蜜源,可以发展养蜂。所以,发展绿肥能够促进农业全面发展。

(2)绿肥对土壤的改良作用

①能为土壤提供丰富的养分。各种绿肥的幼嫩茎叶,含有丰富的养分,一旦在土壤中腐解,能大量地增加土壤中的有机质和氮、磷、钾、钙、镁和各种微量元素。每吨绿肥鲜草,一般可供氮素(N)6.3 千克,磷素(P_2O_2)1.3 千克,钾素(K_2O)5 千克,相当于13.7 千克尿素,6 千克过磷酸钙和 10 千克硫酸钾。绿肥作物的根系发达,如果地上部分产鲜草 1 000 千克,则地下根系就有 150 千克,能大量地增加土壤有机质,改善土壤结构,提高土壤肥力。豆科绿肥作物还能增加土壤中的氮素,据估计,豆科绿肥中的氮有2/3 是从空气中来的。

②能使土壤中难溶性养分转化,以利于作物的吸收利用。绿肥作物在生长过程中的分泌物和翻压后分解产生的有机酸能使土壤中难溶性的磷、钾转化为作物能利用的有效性磷、钾。

③能改善土壤的物理化学性状。绿肥翻入土壤后,在微生物的作用下,不断地分解,除释放出大量有效养分外,还形成腐殖质,腐殖质与钙结合能使土壤胶结成团粒结构,有团粒结构的土壤疏松、透气,保水保肥力强,调节水、肥、气、热的性能好,有利于作物生长。

④促进土壤微生物的活动。绿肥施入土壤后,增加了新鲜有机能源物质,使微生物迅速繁殖,活动增强,促进腐殖质的形成,养分的有效化,加速土壤熟化。

(3)绿肥的种植方式

①单作绿肥　即在同一耕地上仅种植一种绿肥作物,而不同时种植其他作物。如在开荒地上先种一季或一年绿肥作物,以便增加肥料增加土壤有机质,以利于后作。

②间种绿肥　在同一块地上,同一季节内将绿肥作物与其他作物相间种植。如在玉米行间种竹豆、黄豆,甘蔗行间种绿豆、豇豆,小麦行间种紫云英等。间种绿肥可以充分利用地力,做到用地养地,如果是间种豆科绿肥,可以增加主作物的氮素营养,减少杂草和病害。

③套种绿肥　在主作物播种前或在收获前在其行间播种绿肥。如在晚稻乳熟期播种紫云英或苕子,麦田套种草木樨等。套种除有间种的作用外,可使绿肥充分利用生长季节,延长生长时间,提高绿肥产量。

④混种绿肥　在同一块地里,同时混合播种两种以上的绿肥作物,例如紫云英与肥田萝卜混播,紫云英或苕子与油菜混播等。豆科绿肥与非豆科绿肥,蔓生与直立绿肥混种,使互相间能调节养分,蔓生茎可攀缘直立绿肥,使田间通风透光。所以混种产量较

高,改良土壤效果较好。

⑤插种或复种绿肥　在作物收获后,利用短暂的空余生长季节种植一次短期绿肥作物,以供下季作物作基肥。一般是选用生长期短、生长迅速的绿肥品种,如绿豆、乌豇豆、柽麻和绿萍等。这方式的好处在于能充分利用土地及生长季节,方便管理,可多收一季绿肥,解决下季作物的肥料来源。绿肥作物根部含氮量的多少,因品种不同有很大的差别。据分析,苕子根部含氮量占植株全氮量的 4%～5%,豌豆占 2%～4%,蚕豆约占 8%,羽扇豆占 5%～15%,红三叶草约占 45%。

(4) 注意事项

①选择绿肥品种应注意其特性　首先要注意绿肥作物的生长期和抗逆能力,以及对土壤条件的要求。例如,大多数苕子品种只适合在长江以南种植,但光叶紫花苕子却可种到淮河以北地区,并且生长良好。豆科绿肥作物的根瘤菌适宜在中性环境下生长活动,当土壤 pH 在 4～4.4 时,紫云英根部的根瘤菌就会死亡。紫云英喜欢湿润而不积水的土壤,其耐旱、耐低温的能力较差。许多绿肥作物怕涝,但田菁耐涝性强,而且耐盐性也很强。

②要开好排灌沟　多数绿肥作物怕涝。群众深有体会地说:"种绿肥不怕不得收,只怕懒人不开沟。"一般要做到水多时能排,干旱时能灌。

③注意适时播种　适时播种,不仅产量高,品质也好。但因各地气候条件不同,播种具体日期应根据立地条件和绿肥作物的特性来决定,最可靠的方法是通过对比试验,选择最好的播种期。华南地区,夏季绿肥宜在 3 月下旬至 4 月上旬播种,冬季绿肥宜在10 月份播种。

④种绿肥作物也要施一定的肥料　有人认为绿肥作物适应性强,不需施肥,本身作为肥料还要施肥没必要,这种看法是不科学的。虽然绿肥作物吸收养分的能力较强,但生长发育仍然需要一

定的养分，缺肥产量就不高。就以豆科绿肥作物来说，虽然它能固定空气中的氮素，但在生长初期和生长旺盛期也需要一定的氮素养分，如果此时能适当施些氮肥，就会获得良好效果；又如绿肥作物对磷素也很敏感，如土壤中有效磷含量低，会大大影响生长发育。故应适当施肥来满足绿肥作物的需要，以达到"小肥养大肥"的效果。

⑤注意做好绿肥作物留种工作　种子是基础，所以要加强良种选育和繁殖工作。

⑥豆科绿肥作物　特别是紫云英应采用根瘤菌拌种，以提高它们的根瘤生长和固氮的能力。

(5)绿肥施用方法

①适时收割或翻压　绿肥过早翻压产量低，植株过分幼嫩，压青后分解过快，肥效短；翻压过迟，绿肥植株老化，养分多转移到种子中去了，茎叶养分含量较低，而且茎叶碳氮比大，在土壤中不易分解，降低肥效。一般豆科绿肥植株适宜的翻压时间为盛花期至谢花期；禾本科绿肥植株最好在抽穗期翻压，十字花科绿肥植株最好在上花下荚期。间、套种绿肥作物的翻压时期，应与后茬作物需肥规律相吻合。

②翻压方法　先将绿肥茎叶切成 10～20 厘米长，然后撒在地面或施在沟里，随后翻耕入土壤中，一般入土 10～20 厘米深，沙质土可深些，黏质土可浅些。

③绿肥的施用量　应视绿肥种类、气候特点、土壤肥力的情况和作物对养分的需要而定。一般每 667 平方米施 1 000～1 500 千克鲜苗基本能满足作物的需要，施用量过大，可能造成作物后期贪青迟熟。

④绿肥的综合利用　豆科绿肥的茎叶，大多数可作为家畜良好的饲料，而其中氮素的 1/4 被家畜吸收利用，其余 3/4 的氮素又通过粪尿排出体外，变成很好的厩肥。因此，利用绿肥先喂牲畜，

再用粪便肥田,是一举两得的经济有效地利用绿肥的好方法。

15. 苹果树需水有何特点?

(1)水对果树生长的影响

①水是果树的重要组成部分,果树的枝、叶、根等的含水量为50%左右。而新鲜果品含水量则高达 80%～90%。果树在周年生长发育中,如缺水则会影响新梢的生长、果实的增大和产量的增加。如严重缺水,叶片就从果实中夺取水分,使果实体积缩小、裂果,甚至脱落。

②水是果树生命活动的重要原料。在果树光合作用中,果树需要水分作重要原料,通过光合作用所制造出的碳水化合物,又必须借助水分输送到树体的各部。水分也是果树蒸腾作用时必需的原料,蒸腾作用促进根系的吸水,使水分在体内向上运输,从而保证果树体内各种生命活动对水分的需要,并将溶解在水中的养料输送到树体各部。使树体内营养物质的分布达到均衡。

③水有调节树体体温的作用。借助蒸腾作用,从叶面的气孔蒸发掉大量的水分,同时也带走了部分热量,从而调节树体体温,使叶片和果实不致因阳光强烈的照射而引起"日烧"。

④水是调节果树生育环境的重要因素。在干旱的土壤上灌水,可改善微生物的生活状况,促进土壤有机质的分解。在高温季节灌溉,除降低土温外,还可降低气温,同时提高空气湿度。冬季土壤干旱,易引起或加重果树的冻害,实行冬灌,可提高土温和满足果树轻微蒸腾作用的需要,从而减轻或避免冻害。因此,水是果树生长的重要因子,果树体内的各种生理活动都是在水的参与下才能正常进行。水分过多或不足,不仅影响当年的果树产量与品质,也影响翌年的果树结果状态,甚至还会影响到果树的寿命,缩短结果年限。

(2)苹果树需水规律　苹果树在各个物候期对水分的要求不

同,需水量也不同,通常在春季萌芽前,树体需要一定的水分才能发芽,此期水分不足,常延迟萌芽期或萌芽不整齐,影响新梢生长。花期干旱或水分过多,常引起落花落果,降低坐果率。新梢生长期温度急剧上升,枝叶生长迅速旺盛,需水量最多,对缺水反应最敏感,此为需水临界期。如果此时供水不足,则削弱生长,甚至早期停止生长。花芽分化期需水相对较少,如果水分过多则削弱分化。此时在北方正要进入雨季,如雨季推迟,则可促使提早分化,一般降雨适量时不用灌水。果实发育期也需要一定水分,但过多易引起后期落果或裂果,易产生病害,影响产量及果品品质。秋季干旱,枝条生长提早结束,根系停止生长,影响营养物质的积累和转化,削弱越冬性,冬季缺水常使枝干冻伤。果树需要水分,但并不是水分越多越好,有时果树适度的缺水还能促进果树根系深扎,提高其抵御后期干旱的能力,抑制果树的枝叶生长,减少剪枝量,并使果树尽早进入花芽分化阶段,使果树早结果,并提高果品的含糖量及品质等。

16. 山丘地果园怎样搞好水土保持工作?

果树"上山下滩",我国对许多山地进行开发利用,种植果树增加农民收益,但许多地区生态环境脆弱,降水量大且雨季相对集中,加上山地开发缺乏科学合理规划,盲目开垦,欠合理耕作,造成果园水土流失严重,部分园地生态恶化,耕层变浅,地力下降,直接制约着果树产量和质量的提高。因此,搞好果园水土保持,遏制水土流失,建设生态果园已成为山地果园开发的重点。

建设山地苹果园要以水土保持为中心,以保护生态环境为原则,寓开发于保护之中。开发山地资源要精心设计、合理规划、标准建园、水保施工、科学管理、宜果则果、宜林则林,建立水保防护林带。

在山地果园内采取以下几项措施,能有效地降低水土流失。

(1)果园套种绿肥　果园套种绿肥能有效地防止水土流失,改良土壤,培肥地力,改善园地温湿度,促进果园生态良性循环和早结丰产。幼龄果园套种夏季绿肥,畦面及梯壁被茂盛枝叶所覆盖,能有效地截拦雨水,增加土壤对水分的渗透,减少地面径流及土壤侵蚀,从而控制水土流失。

(2)增施有机肥　增加土壤有机质,提高土壤的抗蚀力。有机肥在土壤微生物、土壤动物和土壤酶的作用下,一方面进行着无机化过程,提供植物和微生物所需养分;另一方面进行腐殖化的过程,提高土壤有机质,特别是土壤腐殖质的含量,使其更具保肥保水性能和缓冲性能,并使土壤形成团粒结构,改善土壤物理性状,协调好土壤水分与空气间的矛盾,腐殖质还能吸收热量,从而不断熟化土壤,创造出良好的水、肥、气、热相协调的土壤环境,以满足植物生长需要,同时增强土壤抗蚀能力。

(3)种植生草　三叶草草毯、高羊茅草带和秸秆覆盖,在降水强度较小的情况下,对防治水土流失具有显著的效果,应当在山地果园中积极推广。

(4)构筑排水系统　坡面沟系是坡地农业的基本组成部分,处理不当,将成为土壤侵蚀的主要来源之一。草沟费用低廉、施工简易,又能兼顾自然景观,已经成为国外水土保持的主要排水方法。在雨量丰富的地方,梯田果园应设置两处主排水沟。主排水沟宽2米,其断面为浅抛物线形,同时种草。主排水沟要与梯田台面侧排水沟合理衔接,以汇集梯田横向排水。主排水沟同时也是坡地道路,可供小型农机通行。

(5)灌水　利用渗灌、滴灌、穴贮肥水等灌溉技术进行果园的灌溉,可有效降低大水漫灌所造成的水土流失。

17. 怎样依据苹果树的生长结果状况确定灌水量？灌水量如何控制？

苹果树需水量随不同品种、土壤类型、气候条件及栽培管理的不同而不同，由于不同品种的苹果生理特征的差异，需水量也有一定的差异。

果树灌水应在果树未受到缺水影响以前就进行，当果树已从形态上显露出缺水症状时，如果实出现皱缩、叶片发生卷曲等才进行灌溉，将对果树的生长和结果造成损失。确定果树灌水时间的主要根据是，果树在生长期内各个物候期的需水要求及当时的土壤含水量。一般而言，果树生长的前半期，应充分供水，以利于生长发育和结果；在果树生长期的后半期，要适当控制水分，以使果树停止生长，适时进入休眠期，做好越冬准备。根据各地的气候特点和果树各个物候期的需水特征，一般可抓好以下 4 个时期的灌水。

(1)花前水 又称催芽水。在果树发芽前后到开花前期，若土壤中有充足的水分，将会加强新梢的生长，加大叶片面积，增强光合作用，使开花和坐果正常，为丰产打下基础。因此，春旱地区，花前灌水将能有效促进果树萌芽、开花、新梢叶片生长，以及提高坐果率，一般可在萌芽前后进行灌水，但以提前尽早灌水效果更好。

(2)花后水 又称催梢水。果树新梢生长和幼果膨大期是果树的需水临界期，此时期果树的生理功能最旺盛。若土壤水分不足，果树叶片因强烈蒸腾作用而吸收幼果水分，甚至吸收根部水分，致使幼果皱缩和脱落，以及影响根的吸收作用正常进行，果树生长减缓，产量显著下降。因此，这一时期若遇干旱，应及时进行灌溉，这样能显著加强新梢迅速生长，提高坐果率，并促使幼果膨大。这是保证果树高产的关键水，一般可在落花后 15 天至生理落果前进行。

(3)花芽分化水 又称成花保果水。就多数落叶果树而言,此时正值果实迅速膨大期及花芽大量分化期,应及时灌水。这样既可以满足果实膨大对水分的要求,保证提高当年产量,又能促进花芽健壮分化,形成大量有效花芽,为翌年丰产创造条件。

(4)封冻水 即冬灌一般在土壤结冻前进行冬灌,可起到防旱御寒作用,保证果树安全越冬,且有利于花芽发育,并在土壤中贮足水分,促使肥料分解,有利于果树翌年春天生长。

果树灌水次数及灌水定额:果树在各个物候期内的灌水次数主要取决于各个时期的降水量和土壤的水分状况。一般年份,上述各个灌水时期通常需各灌一次水,即可满足果树该时期的需水要求。但在其他时期,若果园土壤含水量降低到田间持水量的50%时,必须及时灌水。在干旱地区,水资源不足时,应保证果树的需水临界期灌溉,一般果树的需水临界期为果实膨大期,此时灌水的水分生产率最高。

苹果树属于耐旱性较差的树种,灌水定额应大一些。幼树少灌水,结果树可多灌水。沙地果园,保水能力弱的土壤,宜采用小水灌,以免水分和养分流失;盐碱地果园灌水应注意地下水位上升,以防止返盐、返碱。一般成龄果树一次最适宜的灌水量,应以水分完全湿润果树根系范围内的土层为原则。在采用节水灌溉方法的条件下,灌溉深度一般要达到0.4~0.5米;水源充足时可达0.8~1米。喷灌、滴灌、渗灌、穴灌径流少、省水;而地面灌溉费水,灌溉量要大一些。

18. 苹果园灌水方法有哪些?

苹果园的灌水方法有很多,最常见的为大水漫灌,但此种方法受栽培条件如水源等方面的制约,也浪费了很多水资源,极易造成水土肥的流失。近年来各地推广节水灌溉技术主要有:

(1)穴贮肥水 具有投资少、省工、简便、高效等优点。技术上可因地制宜、灵活掌握。要点是:苹果园春季土壤解冻后,在树冠下挖 4~8 个圆土穴,穴径约 30 厘米,深 30~40 厘米,穴中央竖一捆又紧又浸透水(或肥水)的草把,再用 50 克尿素、50~100 克过磷酸钙,50~100 克氯化钾(或相当肥效的复合肥),与土混匀,填入草把周围,覆土 2 厘米,用脚踏实,然后覆盖地膜,上面捅一孔,用作今后浇水施肥的进口,平时孔口用土石块盖好。

(2)**渗灌**　是利用管道自地面向土壤渗水的灌溉方式,是投资少、省工、简易,不破坏土壤结构的好措施,比漫灌可节水 60%~80%。渗灌设备通常包括渗水池、渗水管、阀门等部分。渗水池设置在果园地头,用砖和水泥砌成。一般水池半径 1.5 米,高 2 米,容水量 13 吨左右。总管装在距池底 10 厘米处,其上安装阀门,每个渗水管上须安装过滤网,以防管道堵塞。渗水管选用直径 2 厘米的塑料管,间隔 40~70 厘米,在两侧和上方打 3 个针头大小的小孔作为渗水孔,将渗水管铺设在果树两侧各 1~1.5 米外,铺设深度 20~40 厘米,一般每 667 平方米每次灌水量 1~1.5 吨。为防止渗水孔被果树根系堵塞,可在各渗水孔处安装一个稍粗于渗水管的塑管护套。

(3)**滴灌**　较适用于山地果园。可节水 60%~70%,投资稍多。包括大的蓄水池和成套滴灌机械设备,可向专业部门求购,技术上注意防止管道堵塞。

(4)**喷灌与微喷灌**　喷灌较适用于平地果园,北、南方果园均可。可求购成套设备和专门技术,投资较大。微喷灌是喷灌技术的改进设备包括水源(含水泵和机房)、过滤系统、自动化控制区(主要是自动化灌溉仪和电动阀)、灌溉区(包括支管、毛管和喷头),可求购专用设备和技术。

19. 苹果园如何采用节水灌溉?

果园内要采用节水灌溉,首先要依据苹果树的不同的生长期内各个物候期的需水要求及土壤含水量来确定灌水量,避免重复灌溉;其次要有效地利用水源,尽量避免使用大水漫灌等灌溉方法,而应采用喷灌、滴灌、渗灌、穴灌等方法进行灌溉,可有效地节省水资源。山地苹果园采用穴贮肥水加覆膜的方法。

20. 果园如何排水?

土壤中水分含量过多易发生涝害,造成土壤中空气含量太少,根系处于缺氧窒息状态,功能下降,吸肥吸水能力受阻,轻者叶片光合作用下降,重者造成烂根,甚至出现死树现象。苹果树较为耐涝,但从土壤水分管理的要求来看必须坚持排水,生产中对果园排水往往重视程度不够,有些人甚至片面认为水越多越好,于是在雨季也千方百计积蓄雨水,造成果园积涝现象。此时虽然外观上显现不出来,实际上根系已处于窒息状态,叶片光合能力已下降。因此,果园应开挖排水沟,尤其在地势低洼和容易积涝的果园,要做到旱能浇,涝能排。

六、整形修剪

1. 苹果树对光照有哪些要求？

苹果树属喜光性树种，要充分发挥叶片的同化功能，需要1 500 勒克斯的光照强度。据研究，金冠、红星等苹果光补偿点为600～800 勒克斯，光饱和点为 3 500～4 500 勒克斯，在此范围内光照强度增加，光合作用增强；光照强度影响果实着色，如红色品种需年日照1 500 小时以上；以一株苹果树为例，树冠中的入射光强为自然光强的 70%以上时，着色良好。光质对着色也有较大的影响，紫外光能诱发果实中乙烯的产生，促进了花青苷的合成，有利于果实着色。日照不足时，则枝叶徒长，叶大而薄，枝纤弱，贮藏营养不足，花芽分化不良，抗病虫能力差，开花坐果率低，根系生长也受影响，果实含糖量低，品质差。但光线过强也不利于光合作用，而且常引起高温伤害，造成果实日烧现象。因此，在建园时，必须考虑当地的光照因素。

2. 苹果树为什么要整形和修剪？

在肥水充足、病虫害防治严格的情况下，通过不同时期的合理修剪和整形，可以对树体的生长和结果起到良好的调节作用。如果放任苹果树的生长，就会出现树体结构紊乱，通风透光不良，果实品质差，产量降低。因此，必须合理地整形和修剪。整形和修剪是苹果树调节生长中最重要的一环。

(1)调节生长和结果 在苹果树的整个生命过程中，生长和结果的关系，经常发生不断地变化，时常发生矛盾，有时互相制约，有时共同存在，在一定条件下还可以相互转化。如幼龄苹果树，栽后以营养生长为主,且生长势较强,若不及时修剪调节,增加控制生长、促进成花的措施,开花结果很容易推迟。若及时采取拉枝开角、扭梢、摘心、环剥和环割等技术措施,则可达到控制旺长、促进成花,使幼龄苹果树达到早果、丰产的目的。为维持生长和结果的平衡,对不同品种、不同树龄,要根据其生物学特性采用不同的修剪方法调节。

(2) 调节光照,提高光能利用率 据研究,果实内的有机物质含量 90%～95% 来自于光合产物。因此,要想获得苹果优质、高产,就必须提高叶片的光合能力,叶片光合能力的大小依赖于叶片数量和叶面积系数及光合作用的时间和光合效率。苹果树的整形与修剪技术,都不同程度地影响着树体本身的光能利用率。如对喜光性强的品种,可采用开心树形,对栽植密度大的园片可采用小冠型或减少骨干枝数量的方法,以增加透光率;对生长过旺、枝量过多树体,可采用适当疏枝、减少大枝量、控制树高、开张骨干枝的角度、改变枝条方向等方法,修剪调节,以改善园片整体或树冠局部的光照条件,使树冠内枝条分布合理,达到枝枝见光。可以达到树密枝稀,树体结构合理,光合作用增强,花芽易形成,果实着色良好,可提高果品的综合效益。

(3) 调节果树的叶与果、花芽与叶芽的比例 苹果树进入盛果期以后,为稳定产量,稳定树势,提高果品质量,延长有效的结果年限,经常采用相应的修剪措施,调节树体本身的叶果比和花果比。对合理留花、调节大小年结果、提高果实品质、稳定树势均有良好效果。

调节大小年结果时,修剪上一般根据树体的负载量与树势的强弱,来确定花芽和叶芽的比例。有时也按营养枝与结果枝的比例,来确定合理的留果量。无论按什么比例,在修剪中都要根据单位面积所栽的株数,按其树冠大小、树势强弱来确定其负载量。如栽植密度为 3 米×5 米的苹果园,盛果期树,一般每株可留 250～

300个花芽,花芽占总芽数的比例以 20%左右为宜,预备叶芽占60%左右。长势中庸的树,花芽和叶芽的比例,可保持在 1∶3 左右;长势弱的树,花芽和叶芽的比例保持在 1∶4 左右。结果枝与营养枝的比例,一般为 1∶2～5,即一个结果枝,可保持 2～5 个营养枝。只要枝、果比例恰当,一般叶果比例基本一致,中、小型果叶果比可达 30～40∶1,大型果可达 65∶1。一般果枝比达 3∶1 时,叶果比大都在 40∶1。

(4)合理负载 所谓合理负载,是指一株树上所负担的果实数恰当。结果多,负载量就大,果实质量也较差;结果少,负载量就小。在修剪上,一般要根据树龄大小、树势强弱而确立留果量。幼旺树可适当多留果,弱树可少留。要根据苹果树品种特性、栽培管理水平、气候条件及大小年树等情况,采用不同的修剪技术,调整留果量。

在山丘地区,幼龄果树既要让它早结果,又要长成一个牢固的骨架,防止结果过量,造成"小老树",在修剪时要考虑长树和结果相互兼顾;对于落花落果严重、坐果率不高的品种,在修剪时,要适当多留些花芽;落花落果较低的、坐果率轻的品种,修剪时要适当减少花芽留量。即坐果率高的品种,保险系数可保留在 10%～15%;坐果率低的品种,保险系数可保留在 15%～20%。进入盛果期,主要以优质、高产、稳产为主,修剪时,主要调节花芽与叶芽的留量,可按每 20～25 厘米留一个花或一个果,这样坐果均匀,果个大,果品质量好。

(5)调节树体营养分配,提高果实品质 苹果树通过修剪,可以调节树体内部营养物质的生产运输和分配利用。一般对苹果树重剪,可提高枝条含水量,促进生长势加强。而生长季的扭梢、摘心、环剥等措施,主要提高枝条中的糖分含量,从而提高树体内的碳氢比,有利于花芽分化。果树适度修建有利于结果,同时也有利于调节生长周期内各类枝条的生长势,调节营养分配和运转。因此,有时可促进新梢生长,又能及时停止其生长。一般幼树、旺树生长势强的大枝,要轻剪缓放;弱树、老枝或弱枝,可适当重剪,促进生长适度,有利于结果。

3. 整形修剪的原则是什么?

(1)因树修剪,随枝造形 根据不同树龄、树势、品种特点、栽培制度等,采取相应的整形与修剪方法和适宜的修剪程度。即着眼于全树的生长发育特性,从局部入手,使修剪技术发挥应有的效果。如对幼树的修剪,整体上必须采取轻剪长放多留枝的修剪方法,才能控制生长,促进开花,达到早期结果。若追求整形,短截过重,则易造成树体旺长,成花难,难以获得早期产量。对于结果盛期的苹果树,应及时复壮,适当短截部分营养枝,回缩部分冗长枝或衰弱枝,可延长结果年限,稳定树势,达到优质高产稳产的目的。根据树体的生长结果情况,进行合理修剪,是整形与修剪的前提和基础。

随枝造形,就是要考虑树体局部与整体的关系,特别是乔化大冠形,既要考虑主枝与侧枝的从属关系,又要考虑如何充分利用空间,同时要注意调节生长和结果的平衡关系。即使是小冠树形,树体结果与修剪方法,比乔化大冠形简化,也要按树体的生长发育特性,做到因树修剪,随枝造形。因树冠的整体结构,是由各个部位、各类枝条构成,无论哪一种树形,枝条搭配与分布都要合理,才能形成合理的树体结构,获得长期稳产高产和较高效益。

(2)"有形不死,无形不乱" 苹果树的整形修剪,既要重视树形的培养,又要根据树体本身的具体情况,调整或诱导成形。在培养树形时,不要硬套树形标准,要尽早开张角度,早结果、早丰产,要注意培养采用的树体骨架,为进入大量结果和优质高产打下良好基础,做到整形结果两不误。另外,要根据树体情况,对局部枝条进行处理和调整,不要强求树形,但要各个部位的枝条安排合理,主从分明,插空留枝,排列有序,保持树体的结构基本达到优质、丰产的要求。

(3)"以轻为主,轻重结合,均衡树势" 苹果树修剪量的大小,直接关系到树体的生长发育,去掉的枝量越多,对树体的削弱越重。因此,在修剪中,要把对树体的削弱作用控制在最低限度。特别要考虑幼树的生长发育和早期结果,需要足够的枝量。要以轻为主,尽量开张角度,轻剪长放,少疏枝。这样有利于扩大树冠,缓和生长势,提早结果。

从培养骨架、提高树体负载量考虑,要在轻剪增枝的基础上,对部分骨干枝延长枝或辅养枝进行适当短截,以促其分枝或营养结果枝组。这样便可轻重结合,即可达到长树结果两不误,同时有放有缩,有疏有截,也有利于培养长久骨架和临时性结果枝或枝组,以延长结果年限和更新树冠、复壮树势等。

(4)"抑强扶弱,正确促控,合理用光" 在苹果树的生命周期中,生长和结果之间的关系经常变化,树体的生长发育随树龄的增加也是不断变化的。因此,在确定修剪量和修剪程度时,要注意随树体的发育状况的变化而变化。要掌握抑制强旺生长,扶持弱枝或弱枝组复壮。对于生长旺盛枝或单株,要适当控制,促其成花,以果压冠;对于弱枝要注意促枝复壮,延长结果年限;对于枝量较大,风光不通透的或出现冗长、密挤的枝条,要及时疏除或回缩,这样才能达到幼树向初果期转化,初果期向盛果期转化的正常结果的目的。

4. 苹果树常用的树形有哪些?

目前,苹果生产中,稀植苹果园,主要采用的树形有主干疏层形、自然开心形、二层开心形等;密植苹果园,主要采用的树形有小冠疏层形、自由纺锤形、改良纺锤形、圆柱形和"V"字形等。以苹果主干疏层形为例,其丰产树形结构特点如下。

(1)低干矮冠 干高 50～60 厘米,树冠呈半圆形或扁圆形,冠高 3.5 米左右;株行距 6 米左右的大冠形,树高一般在 4 米左右,不超过 4.5 米。

(2)主枝要少,侧枝适量,角度开张 充分利用第一层主枝。丰产树的主枝多为 5 个左右,株行距大或树冠大的也不宜超过 7 个;全树侧枝 16～18 个;主枝角度一般为 70°左右,最小不低于 60°,但也不宜超过。第一层主枝应占较大空间,它是全树主要的结果部位,结果量占全树的 60％～70％。

(3)充分利用辅养枝 幼树期的辅养枝是初结果树的主要结果部位,可占结果总量的 30％～70％,即使到了盛果期,也应培养保留一些临时性辅养枝,控制利用结果。

(4)合理配备枝组 小枝组的分枝少,有效结果枝少,但所占空间小,对光照和通风影响不大。中型枝组分枝较多,结果枝也较多,连续结果能力也强。大枝组寿命较长,占的空间大,对光照和通风状况影响较大,有效结果枝比例不高。枝组在全树的分布特点是上小下大,外小里大,上下左右穿插,既充分利用光照时间,又不影响通风透光。

(5)适宜的叶幕厚度和叶幕间距 在有适当层间、枝间距离的基础上,树叶幕外缘呈波浪形的,树冠内第一、第二层主枝叶幕厚各以 50～60 厘米为宜,叶幕间距宜 80 厘米左右。山岭薄地叶幕厚度容易控制;平地肥水条件好,更要严格控制。果树树冠内部的光强应为自然光强的 20％左右。树下全部荫蔽时,应注意疏枝,减少叶幕量。

5. 丰产树形有哪些基本要求?

(1)应与苹果树的生长特性相符合 品种不同,生长结果特性差别很大,应以树性选择树形。在整形过程中,必须根据果树的整体特性,因势利导,造成既定的树形,才能取得满意的效果。如苹果普通型生长势强,一般应选用中、大冠树形,而短枝型品种,相当于半矮化树,故宜用中、小冠树形。有些苹果品种,发枝多,树冠密,宜用骨干枝少、级次高的树形。有些品种枝条软,下垂生长,宜用高干树形;反之,枝条硬,角度小,直立生长,则宜用低干树形。在采用矮化砧的情况下,依砧穗组合的矮化程度不同,可分别选用矮小的或中等大小的树形。

(2)有利于早果、丰产和优质 一般树冠大的树形,为了不影响骨干枝的建设,往往要剪掉许多枝条,破坏地上部与地下部根系的平衡,必然会刺激地上部旺长,影响早期成花结果。而生产中提倡的小树冠整形,从定植开始,便采用极轻的修剪方法,增加了生长点,形成大量中、短枝,达到栽后 3 年结果、5 年丰产。

(3)适应环境条件 不同的生态、栽培条件,应选用不同的树形。如温湿地区果树生长旺盛,树冠高大,则宜用较大树形;反之,冷凉干燥的山地和西北黄土高原等地区,果树生长中庸偏弱,树冠敦实紧凑,则宜用中、小冠树形。台风、大风多的地区,为避免风害,应选低干、矮冠树形。在栽培技术水平高、土肥水条件好时,宜用较大树形,反之则用较小树形。在机械化水平高的果园,可以采用高干和梯形树冠。总之,应因地制宜地选择和确定树形。

6. 小冠疏层形树形结构特点是什么? 如何整形?

(1)结构特点 干高 40～50 厘米,树高 3 米左右。全树共有主枝 5～6 个。第一层有 3 个主枝,可以互相邻接或临近,开张角度 60°～70°,每一主枝上相对应两侧各配备 1～2 个侧枝,无副侧枝;第二层 1～2 个主枝,方位插在一层主枝空间,开角 50°～60°,其上直接着生中、小枝组;第三层 1 个主枝,其上着生小型枝组。该种树形树冠呈扁圆形,骨干枝级次少,光照良好,立体结果,枝势稳定。

(2)整形修剪方法 苗木定植后,在 60 厘米处定干,萌芽前

20 天刻芽促枝,夏、秋季拿梢开角,选好中干和主枝方位。冬剪时,中心干留 60～70 厘米,于饱满芽处短截,三大主枝留 50～60 厘米短截,其余枝条适当短截促分枝,增加枝量。第二、第三年修剪应在春季萌芽前,对较旺骨干枝刻芽促萌,辅养枝和临时枝开张角度。冬季修剪时,对三大主枝继续轻剪长放,开张角度,外围延长头的竞争枝、过密枝疏除,在中干上生长的辅养枝,多保留且拉至水平,原则上前 3 年少疏枝,轻短截,促萌芽,增加枝叶量,扩大树冠。第四年采用一系列夏剪措施,控制生长,促进成花。如 5 月下旬至 7 月底,对背上旺梢或竞争梢 5 厘米左右短截,促发二次枝,且能有部分成花。对主枝或中心干环剥、环割,可以缓和生长,促进花芽形成。冬季修剪时,对延长枝要轻剪长留,对骨干枝中、上部背上旺长枝,过密枝及外围竞争枝适当疏除,其余枝一律缓放不剪。5 年生以上的树要搞好花前复剪,疏除树冠外围旺长枝、内膛过密枝,做好通风透光,对生长势强的枝可环剥,以便均衡树势。冬剪时,为保持合理树体高度,对中央领导枝落头开心,对主枝延长枝行间轻剪,株间不剪,缓和树势,增加结果面积。对中干上的辅养枝更新使其单轴延伸,主枝以下的裙枝回缩或疏除。

结果枝组的修剪,就是要使过旺或衰弱的结果枝组向中庸健壮枝组转化。调整枝组长势,促使增加中短枝和果枝数量。对强旺枝组内的直立旺条要疏除、留橛重短截或压平控长促生中、短枝;对中庸果枝缓放,串花枝结果后回缩,生长弱的果枝,要适时回缩更新。对衰弱结果枝组,应回缩到壮枝、壮芽处,并疏除过多花芽;适当缩剪过弱结果枝组上的弱枝,促发营养枝;对其上中长果枝要短截,带花的果台副梢枝也要打头。对中庸健壮结果枝组,抑制其顶端优势,促使下部枝条保持健壮生长,多结果。

7. 自由纺锤形树形结构特点是什么? 如何整形?

(1)结构特点 干高 60～70 厘米,树高 2.5～3 米。中央领导干较直立,全树共 10～12 个主枝,主枝向四周均衡分布,插空排列,不分层次。下层主枝长 1～2 米,上层主枝依次递减,相邻两主枝间隔 15～20 厘米,同一方向主枝间隔 50 厘米左右。主枝角度 80°～90°,主枝与中干粗度比以 0.4 左右为宜,最大不能超过 0.5,以保持中央领导干优势。主枝单轴延伸,其上直接着生枝组,以短果枝和中小型结果枝组结果为主。该种树形树冠紧凑丰满,通风透光良好,有利于生产优质果。

(2)整形修剪方法 苗木定植后,当年留 80～90 厘米高定干。幼龄树,中央领导干延长枝剪留长度一般为 40～50 厘米。对于中干强旺的延长头可以留 50～60 厘米轻剪,并在早春采用定位刻芽促枝技术,促进中、下部芽抽生长梢,中干过强可换弱头轻截或不截;对于中庸或偏弱中干要中截 40 厘米左右。主枝数过少或过强等可重截萌发,延长头缓放不剪,与中干竞争者可疏除或重截,留下的辅养枝、临时枝甩放不剪,单轴延伸,春季捋枝或秋季拿梢使之水平生长。4～5 生树形基本形成,主枝延长枝缓放不剪,对影响光照的主枝中、上部的背上旺枝、竞争枝、密挤枝、把门侧枝等适当疏除,拉平辅养枝、临时枝等。注意在不影响树体高度的情况下,每年中央领导枝以弱枝当头或缓放不剪,主枝延长枝过长时,要及时在适宜分枝处回缩;过粗主枝若附近有分枝代替,应从基部疏粗留细。及时疏除背上枝、过密枝和裙枝。多年生结果枝回缩到水平枝或短枝处,各类枝组交替结果。疏除树冠中过多过密主枝,更新老弱枝,调整主枝的间隔距离,疏通光路,有利于成花结果,稳产高产。

修剪时要保持中央领导干的生长优势,及时疏除或重截竞争枝;及时运用夏秋拉枝开角技术,使之及早成形,为减少冬剪用工创造有利条件;幼树期,中干上要适当多留辅养枝,扶持中干加粗,保持中干优势。

8. 冬季修剪的方法有哪些?

(1)短截 对1年生枝条剪去一部分,留下一部分称为短截。按短截的程度,一般可分为轻短截、中短截、重短截和极重短截四种。

①轻短截 只剪去枝条的顶端部分,剪口下留半饱满芽。由于剪口部位的芽不充实,从而削弱了顶端优势,芽的萌发率提高,且萌发的中、短枝较多,有缓和树势、促进花芽形成的作用。

②中短截 在枝条中部剪截,剪口下留饱满芽。中短截的枝条,是将顶端优势下移,加强了剪口以下芽的活力,故成枝力高,生长势强。中短截常见于骨干枝的延长段,用于扩大树冠和培养大、中型枝组。

③重短截 在枝条的下部,剪去枝条的大部分,剪口下留枝条基部的次饱满芽。由于剪去的芽多,使枝势集中到剪口芽,可以促使剪口下抽生1~2个旺枝,常用于更新枝条。

④极重短截 在枝条基部轮痕处剪,剪口下留芽鳞痕。由于此处的芽不饱满,故剪后一般只能萌发1~2个中庸枝,起到降低枝位和削弱枝势的作用。在枝条基部留短桩剪,俗称抬剪。可促使基部瘪芽或副芽抽生1~2个短枝,有利于培养结果枝组。

(2)回缩 也称缩剪,一般是在多年生枝或枝组上进行。对多年生枝或枝组回缩,主要用于改变枝条角度,促进局部或整体更新,削弱局部枝条生长量,促进局部枝条生长势,增加枝条密度,对弱树可起到促进成花的作用,对量大的枝条可起到减少营养消耗、提高坐果的作用。

(3)疏剪 疏剪是指把一个1年生枝或多年生枝,从基部剪掉或锯掉。疏剪给母枝留下伤口,故对剪口以上的芽或枝有削弱作用;反之,对母枝剪口以下的枝,则有促进作用。疏枝可改善通风透光条件,改善树冠内部或下部枝条养分的积累。在某种情况下,可以减少营养消耗,集中营养,促进花芽形成,特别是对生长强旺的植株或品种,疏剪比短截更有利于花芽形成。

(4)缓放 亦称长放,是指对1年生枝不剪,任其自然生长。缓放一般多在幼旺树辅养枝上应用。一般较长的营养枝的顶芽,常发育不完善,就可相对削弱顶端优势,促进萌芽力的提高。缓放极易形成叶丛枝和短枝,为早果、丰产、稳产打下良好基础,但对直立枝、竞争枝和徒长枝的缓放应结合拉枝进行,以控制顶端优势,达到缓势促花芽之目的。

(5)复剪 复剪是在花期前进行,是冬季修剪的一种补充措施,主要用于调整花芽数量。当苹果树小年时,冬季修剪时花芽难以识别,进行复剪,既可以不误剪花芽,又可疏除无用枝条;当冬季修剪留花芽过多时,进行复剪,可节约营养消耗,有利提高坐果率和果实品质。

9. 夏季修剪的方法有哪些?

(1)刻芽 亦称目伤。即在芽子的上方0.5厘米左右处,用刀或钢锯条横拉一道,深达木质部,其作用主要是促进芽的萌发,增加中、短枝比例。刻芽时间,以萌芽前20天为宜。

(2)摘心 摘心是指把新梢先端的幼嫩部分摘去,是一种很轻的短截。由于摘心的目的不同,其摘心时间和程度也有差异,若为了增加分枝或营养枝组成花,可于5月上旬至6月上旬,在一枝上连续进行2~3次;若为了控制新梢生长而促进成花,可在八月上旬进行一次重摘心。未结果的幼树,对竞争枝、内向枝和过密枝摘心,能抑制旺长、减少养分消耗、促进分枝或成花,有利于提早结果。

(3)捋枝 捋枝一般是在春季萌芽前树液流动后,对较直立的中庸枝使其软化成花的一项措施。方法是将拇指压在枝条上,使枝条有一定弯度,从基部向尖端渐次捋出;另一法是拇指和食指捏住枝条中上部,将枝头向下,首先从枝基部弯曲依次向上推拿。捋枝可有效地提高枝条萌芽力,促发中、短枝,促进花芽形成。

(4)拿梢 拿梢即用手握住当年生新梢,拇指向下慢慢压低,食指和中指上托,弯折时以能感到木质部轻轻断裂为止。树冠内直立生长的强旺梢、竞争梢,有空间需要保留时,可在7~8月份拿梢。对生长较粗、生长势过强的应连续拿梢数次,使新梢呈平斜状态生长。拿梢作用效果同捋枝。

(5)扭梢 扭梢是在新梢的中下部半木质化的部位,用手握住枝条扭转180°,使枝条皮部与木质部均受损伤,但伤而不断,使枝条上部向下弯曲。此法可改变枝条生长势,促进成花。适于扭梢的枝条,一般是准备培养为结果枝的辅养枝或直立生长的枝,有空间者均可扭梢。也可利用此法培养小型枝组。扭梢时间多在5月中下旬,新梢长至15厘米左右,呈半木质化状态时进行。

(6)环剥与环割 环剥即环状剥皮,就是将枝干上的皮层剥去一环的措施。环割即环状割伤,是在枝干上横割一道或数道圆环,深至木质部的刀口。环剥、环割破坏了树体上、下部正常的营养交流。根的生长暂时停止,最后根的吸收力减弱。同时阻止养分向下运输,能暂时增加环剥、环割口以上部位碳水化合物的积累,并使生长素含量下降,从而抑制当年新梢营养生长,促进生殖生长,有利于花芽形成和提高坐果率。

根据环剥作用和目的不同可分为春、夏两次进行。第一次是春季开花前至花后10天环剥、环割,可抑制新梢生长和提高坐果率;第二次是在5月下旬至6月中下旬环剥、环割,可抑制营养生长和促进花芽分化。此期环剥、环割效果最佳,对某些成花较困难的元帅系品种有特效。环剥、环割应注意以下几个问题:

①环剥、环割应在较旺主枝及辅养枝上进行。主干环剥削弱树势过重,应依树势慎用。

②环剥口宽度,一般为被处理枝干处直径的1/10为宜或与皮

层厚度相近。剥口过宽,伤口不能及时愈合,影响太大,严重抑制树体或枝条的生长势,甚至出现死亡;剥口过窄愈合过快,达不到预期效果。

③环剥不易过深过浅,过深伤至木质部,破坏形成层薄壁细胞,不利愈合。过浅韧皮部残留,效果不明显。

④元帅系、印度系品种对环剥、环割较为敏感,稍有不慎易出现死株现象,应注意不可太重,割后1~2天防雨水、药水浸入伤口,这是元帅系大忌,该两系品种提倡主枝环剥。

⑤环剥后不宜触及形成层,为防止雨水冲刷,也可将剥口用塑料布包扎或牛皮纸、报纸等贴好,有利愈合。环割、环剥后,若结合涂抹多效唑20倍液,可杀菌促愈合,控长促花效果更佳。

⑥环剥后,由于提高了剥口上部的碳水化合物积累,而且同时切断根系供氮来源。因此,在环剥前后,应补加追肥或根外施肥,使树体局部的营养处于较高水平,否则肥水跟不上,树势过弱,成花率低,且花芽质量差。

10. 什么是平衡树势?怎样平衡树势?

平衡树势就是根据丰产树体结构的要求,本着"抑制强枝生长扶持弱枝生长,并以扶持弱枝生长为主"的原则,维持树体从属关系,要达到或维持中庸偏旺的生长势,确保生长结果的连续性,保持营养生长与生殖生长的平衡,调整树体各部分生长结果关系的一种修剪措施。

由于修剪不当,常常出现上强下弱、下强上弱和外强内弱等树势失衡现象。造成结果部位分布失调,从而产量下降。平衡树势的修剪方法主要有如下几种:

(1)上强下弱 由于中央领导干年年留壮枝、壮芽短截,枝势强,上升过快,致使2~3年生树就出现上强现象;第一层短截过重或疏枝过多枝叶量少,加粗生长缓慢,限制枝势和扩展树冠。另外,中干中上部出现过多过大的旺枝,一层主枝开张角度过大,亦影响一层枝长势而出现上强下弱现象。此类树一般情况下,疏除中干中上部的过密、过旺枝,留中庸枝当头,其余枝拉平缓放,同时对其骨干枝背上的直立旺枝尽量疏除。对下层主枝延长头采用中截法,多短截其两侧分枝,尽快增加枝量,增强生长势。

(2)下强上弱 中央领导干每年留弱枝、弱芽当头,上层主枝枝势弱,下层主枝长势强且粗大,势必造成下强;基部三主枝长势强且并生,易造成中干"掐脖"现象,影响中央领导干的生长。抑下促上,对下层主枝选弱枝当头,尽量疏除旺枝,并通过开张骨干枝角度,环剥促花,抑制树冠下层主枝的生长势力,采用夏季修剪促进花芽的形成,让第一层主枝多结果。适当疏除上层主枝过密枝,第二、第三层主枝、中央领导干,采用多短截的办法,加快增加枝叶量,控制花果量,增强其长势。

(3)外强内弱 由于树冠外围枝势强,旺枝多,且延长枝梢角小;内膛枝通风透光条件差,内膛枝细弱,甚至枯死,且不注意内膛枝的更新复壮。首先调整好主、侧枝角度,尽量增加主侧背后及两侧的分枝数量,疏除树冠外围过密旺枝以及多年生枝,提高内膛光照强度,有利于枝条增加营养积累,增强生长势。对背上旺枝可采用环割促花控长办法,也可冬剪时短截,培养枝组。对内膛细弱枝在饱满芽处短截,增强其生长势。

11. 苹果幼树期的修剪方法是什么?

幼树期生长特点是树冠小、枝叶量少;生长势旺盛,发育枝多,枝条生长长度一般在 1 米以上,树冠开始迅速扩大,并形成少量花芽。这一时期修剪主要任务是促进树体生长发育,增加枝叶量,选好主枝,开张主枝角度,加快树形形成,培养枝组,并充分利用辅养枝,为幼树早果丰产创造条件。以促为主,长留缓放,多截少疏,扩大树冠,并重视夏季修剪。幼树期的长短与品种、砧木、栽培管理措施有关。在正常管理条件下,乔化品种 5～6 年就开始结果,矮化砧嫁接品种和短枝型品种 3 年即可开花结果。另外,栽培技术和环境条件也影响幼树期的长短。如修剪不当造成幼树徒长,氮肥过多枝条不充实,难形成花芽等使结果期推迟。在瘠薄土地上幼树生长量过小,树体生长缓慢,则结果期来临的晚。

幼树期修剪,前 3 年尽量一枝不疏,多利用辅养枝结果,尤其是下垂枝,并促生中短枝,尽早形成花芽结果,有空间的树继续扩大树冠。幼树主要靠辅养枝结果,采用压枝、缓放、别枝、曲枝、疏枝、环剥和刻芽等方法,让辅养枝早成花结果。随着幼树的生长,树冠不断扩大,辅养枝也由小变大。修剪时,可去强留弱,去直立留平斜,去大留小,多缓放少短截,多留结果枝,尽量使其多结果。当树冠已达到合理大小时,对辅养枝加以控制,主要是不让其影响骨干枝的生长发育结果,不能影响冠内枝组生长,要根据不同部位及其周围情况进行促控修剪。如控制第一、第二层间着生在中央领导干上的辅养枝的长势,以避免影响第一层主枝的正常生长,同时,控制主枝背上、延长枝附近临时枝的长势,使其长势不过强。

12. 苹果初结果期树的修剪方法是什么?

初结果期树生长特点是:树势健壮,新梢生长旺盛,枝条粗壮直立,树冠趋于稳定,枝条年生长量仍然较大,枝叶量迅速增长,尽管已开始结果,但整形任务仍未完成,从开始结果到大量结果,树冠骨架基本形成但树冠仍继续扩大,结果部位逐渐增加,产量提高。此期乔化品种一般历时 5～6 年,也就是从 5～6 年至 11～12 年生。

该期修剪的主要任务是:首先继续培养各级骨干枝,扩大树冠,选留第三层主枝和第一、第二层主枝的侧枝;调整主侧枝的角度、间距,控制改造和利用辅养枝结果,完成整形任务;其次是打开光路,解决树冠内通风透光条件;第三是培养好结果枝组,调整枝组密度,把结果部位逐渐移到骨干枝和其他永久枝上。特别是矮化密植园,树体已经长大,枝间开始交接,必须解决好光照问题。解决光照的方法有:减少外围发育枝,处理层间辅养枝,解决好侧光;落头开心,解决好上光;疏除部分密挤的裙枝,解决好下光。

在解决光照的同时,努力培养好结果枝组,做好结果部位的过渡和转移,培养结果枝组的方法有:逐步回缩成花结果的临时枝,培养大中型结果枝组;把临时留下的主、侧枝以外的高级次分枝,缩剪成大型枝组;骨干枝延长枝附近的中长枝、中长果枝、截顶去花,培养中小型结果枝组;骨干枝上的长枝、拉平缓放,成花结果后回缩,形成中型结果枝组;具腋花芽的长枝,结果后回缩形成中型结果枝组。长势中庸的枝,成花结果后回缩;长势旺的枝要慢缩,长势弱的枝要重缩,花多的要早缩重缩,花少的要轻缩晚缩。要冬夏结合培养结果枝组,这样枝组形成的快,早成花结果。结果的大枝组,要选留带头的营养枝,并在枝组内选留并保持 1/3 的营养枝辅养枝组本身,同时作为预备结果枝,使枝组不断更新复壮。

此期树势刚开始稳定,产量正大幅度增加,修剪应稳妥,若修剪过重,就会促使树势过旺,造成产量下降。但又必须及时处理辅养枝,在培养结果枝组的同时,打开光路,完成结果部位的过渡和转移。

13. 苹果盛果期树的修剪方法是什么?

盛果期树体不再扩大,树形基本稳定,外围新梢 40~50 厘米,树体以大量结果为主,是苹果树一生中结果最多的时期。此期的长短与栽培管理技术和立地条件的关系密切。在良好条件下,盛果期可延续 20~30 年。此期的主要任务是加强栽培管理,尽可能地延长盛果年限。具体做法是施足基肥,并以有机肥为主;及时追肥。严格疏花、疏果,确保负载合理;实行细致修剪,保证树势、结果部位、产量等均稳定。同时要及时治虫保叶,提高叶功能,增加树体贮备营养。重视培肥地力,深翻改良土壤,提高土壤有机质含量,为根系创造良好而稳定的环境。

此期修剪任务是调节生长与结果的关系,维持健壮的树势,保持丰产稳产,延长盛果期年限。修剪上要改善树冠内的光照,促发营养枝,控制花果数量,复壮结果枝组,及时疏弱留壮,抑前促后,更新复壮,保持枝组的健壮和高产稳产,做到见长短截,以提高坐果率,增大果个。

(1)均衡树势,控制骨干枝 果园的覆盖率宜为 75%,密植果园行间至少保留 1.2 米的作业道。修剪时外围枝不再短截,同时应避免外围疏枝过多,要多用拉枝、拿枝的方法处理枝头,让其保持优势又不过旺。对中央领导干的修剪,要保持树体不要超过所要求高度,可对原中心领导枝轻剪缓放多结果,疏除竞争枝。对主枝的修剪,旺主枝前端的竞争旺枝可行疏除或重短截,减少外围枝,延长枝戴帽修剪,缓和树势,促进内膛枝生长势,解决光照,对弱主枝注意抬高枝头,减少主枝前端花芽量,以恢复其生长势,此时中干落头,抑上促下。

(2)调整辅养枝,保持冠内通风透光 密植园保留下来的辅养枝应逐步缩剪或疏除,给永久性骨干枝让路。层间大枝应首先疏除,以便保持良好的通风透光条件。

(3)更新结果枝组,稳定结果能力 强旺结果枝组,旺枝、直立徒长枝比例大,中、短枝少,成花也少,修剪时,要调整枝组生长,促进增加中、短枝和结果枝的数量。中庸枝组的修剪,应看花修剪,采取抑顶促花、中枝带头的方法,抑制枝组的先端优势,促使下部枝条的花芽量增加;衰弱枝组,旺条少,花芽量大,生长势弱,修剪时应留壮枝、壮芽回缩,以更新其生长结果能力。

(4)克服大小年 大量结果树的修剪一定要处理好枝梢,生长细弱、连年不能成花的无效枝剪除,对交叉、重叠、并生枝适当压缩或疏除,尽量使结果枝靠近骨干枝。花多的年份多疏除花芽,保留一些有顶芽的中短枝,促使其当年成花,防止开花过多消耗营养。

14. 苹果衰老树的修剪方法是什么?

乔化苹果树40~50年后进入衰老期,这时新梢生长量很小,绝大部分外围梢形成顶芽。大枝也开始死亡,树冠内膛枝条大量枯死。从基部隐芽萌发长出徒长枝,虽能形成大量花芽,但坐果率低。此期管理的重点是促使树体更新复壮,在加强土肥水管理的前提下对枝组和骨干枝修剪更新,去弱留强,疏除枯死枝或结果枝组,重建树冠和新的结果部位。此期修剪的主要任务是更新复壮,恢复树冠,延长结果寿命。

提早更新复壮,在主、侧枝前部,选角度小、生长旺的枝条代替原头;树已衰老,骨干枝先端枯顶焦梢时,更应及早更新。对树势衰弱、发枝少而花芽多的衰老树,应重截弱枝,促发新枝,并对抽生的新枝留壮芽,短截促分枝,疏除过多的花芽,减少树体负载量;对树冠已不完整的衰老树,应充分利用徒长枝,以增强树势,防止树冠残缺不全;对无中心干且上部枝条较少的衰老树,最好选择上层主枝基部的徒长枝或直立枝进行培养,增加结果面积;对主侧枝不截,促分枝补空间,培养为新的主侧枝。对衰老树上的结果枝组应精细修剪,促发新枝,更新复壮,提高结果能力;对内膛细弱枝组,应先养壮,后回缩;对周围有新枝的弱枝组尽量疏除。衰老期苹果树的修剪,要结合土肥水的管理和严格的疏花疏果,控制负载量,再加上细致修剪,更新复壮,以期达到延长结果年限的目的。

15. 苹果大小年树如何修剪?

(1)大年树 大年树是指苹果树上花芽过多,超过了树体正常负载量的树。修剪的主要任务是保果促花芽。冬剪时去掉多余的花芽量,控制其数量,对各种果枝修剪量要大,对营养枝轻剪多缓放,促进花芽形成,确保翌年小年期结果量。

去掉过多的花芽量。大年树花芽量大,长、中、短果枝以及腋花芽枝均着生大量花芽。根据树体负载能力,短枝花芽足够时,对于中长果枝行短截去掉花芽,使其成为预备枝,回缩串花枝,腋花芽枝留下部花芽短截,去掉枝组上部花芽,保留枝组下部花芽,对过于冗长的结果枝组回缩于壮枝、壮芽处;对衰弱结果枝组和弱果枝复壮修剪,抬高角度,增强枝组生长势。对于外围发育枝要适当疏剪,使内膛通风透光;中庸、平斜发育枝少截多缓,或在盲节处短截等轻剪缓放,使生长势缓和,形成较多的中短枝,促成花芽,增加翌年的花量;对中、长果枝破顶芽,以花换花;对要保留的无花芽旺枝或辅养枝缓放不剪,刻芽或环割促短枝形成花芽。

花前复剪,继续调整花量。由于冬季修剪时对花芽辨认不准,在春季花芽可辨时调节。具体方法是:中、长果枝破顶芽,短截串花枝,除掉过密的萌芽,回缩过长细弱果枝,更新衰弱的花枝群,疏除过弱果枝;短小的果枝组留后部结果;对过密的枝组,疏弱留强,极短果枝可留花芽剪掉。

(2)小年树 小年树是指花芽量不足,远远满足不了树体负载量的树。修剪的主要任务是尽量保留花芽,见花就留,花枝修剪要轻,重截发育枝,促进生长势,使翌年花量不过多,大年不大,降低大小年变动幅度。

果枝修剪以轻剪为主。冬剪时认为是花芽的就要保留,并使其坐果。中、长果枝不打头或轻短截;串花枝轻打头;重叠枝有花芽的多保留,影响较大的可短截;对有花芽的果台枝应保留,剪截无花芽的果台枝;对细长和弱小花枝,为保留花芽而不回缩更新。对外围发育枝疏除过旺的,其余枝条中截,促进营养生长,减少翌年花芽形成数量。对内膛多年生大枝轻剪,疏除过密枝,以减少盲花枝,复壮树势;下垂枝抬高角度,但前端有花芽的宜缓放。对于有花芽的枝组,回缩更新要轻,尽量不去花芽,待结果后第二年更新;对于无花芽的枝组,过密的疏除,衰老的回缩更新,增强光照;

回缩枝组内多年生枝,不但可复壮更新,同时也减少翌年的花量,并降低了养分的消耗,提高结果能力;对于长放的鞭杆枝组,花芽往往着生于前端,应慎重回缩。冬季修剪时,小年树有部分分辨不清的花枝,实际上是大叶芽枝,可回缩更新,使其不形成过多的花芽,以减少翌年花芽量。

16. 郁闭园的修剪方法是什么?

苹果园由于修剪不当,部分果园树体间已相互交接,出现果园郁闭现象,影响内膛及下部的通风透光,造成结果部位外移,内膛枝势变弱,影响花芽形成及花芽质量,果品质量下降。

(1)按改良纺锤形方法修剪 留基部三主枝,将着生于中干中上部过粗过旺枝疏除,保留生长中庸枝作为结果枝轴。树顶部中央领导干留一斜生或直立枝带头,保持中干优势,中干上的细弱辅养枝尽量保留,拉平缓放。对留下的基部主枝,少截多缓、疏除竞争枝、过密枝,控制其生长势。当年萌发的背上新梢,采用摘心、扭梢等方法,培养成小枝组结果,中干上的辅养枝秋季拉枝培养成主枝轴。最终培养成为基部具有 3 主枝,中上部形成 5 个以上的轮生结果枝轴的改良纺锤形树形。该树形通风透光,有利于立体结果,提高果实品质。

(2)间移或间伐

①间移 以幼树期进行为好。可在翌年春季发芽前隔株或隔行移栽,移栽时要尽量确保根系的完整,并对移栽树进行较重的回缩修剪。移栽要施足肥,浇足水,保持土壤适宜的温度。

②间伐 对树龄较大不易栽的树间伐。为了减少间伐后的减产幅度,对间伐株可采用逐年疏间或回缩主枝和辅养枝。为永久枝让路的压缩修剪办法,有利于永久枝的通风透光,提高光合作用。同时,对留下的永久株也要改造。先行疏除直立旺枝、密挤枝及竞争枝。对冗长的结果枝选壮枝、壮芽回缩,对于连年延伸且又

偏弱的单轴枝组,无发展空间的可疏除,有空可留壮芽回缩。疏除骨干枝下部的裙枝。对于内膛、骨干枝背下连年延伸不成花的小弱枝组等无效枝疏除。夏剪注意拉枝开角。生长势强结果少的枝或树,可在轻剪缓放的基础上,对主枝主干环剥,以利成花,以果压冠,防止出现郁闭现象。

17. 弱树及小老树怎样修剪?

(1)弱树 苹果弱树主要表现在枝条年生长量小,内膛壮枝少,弱枝多,总枝叶量少;开花多,坐果少,产量低,果实品质差,易出现大小年现象。造成苹果树生长势衰弱的主要原因是土肥水管理不当;结果过多,负载量过大,病虫害严重;连年轻剪长放,未及时回缩更新。对于此类树,除加强土肥水管理及病虫害防治外,修剪调节亦是重要措施之一。对衰弱树的修剪,首先要掌握好修剪量,修剪量过轻、过重时,都易引起树势衰弱;其次,是修剪方法应适当,修剪时,应适当加重1年生枝短截程度,注意保留、利用壮枝和壮芽;去弱留强,去平斜枝留直立枝;旺枝和徒长枝短截回缩,促其萌发强旺新梢,利用徒长枝换头或培养新的结果枝组,减少花芽数量;重新破顶去花芽,疏除骨干枝中上部特别是延长枝上的花芽。利用好潜伏芽。对于潜伏芽寿命长的品种,缩剪可收到良好的效果。衰弱树冬剪时,以缩剪为主,缩剪的程度可较重,以促发新梢,恢复树势;衰弱较重的侧分枝可重回缩,使结果部位降低到基部或后部;对生长势较弱的中、长果枝,回缩不宜过急,应轻度短截,提高坐果率,果个大,品质好。

(2)小老树 是指未老早衰,营养枝量少,枝叶数量不足的树。这类树成花难,或开花后不宜坐果,产量低,品质差。造成小老树的原因主要是土壤瘠薄、缺肥缺水,以及枝条生长衰弱,开花结果过多等。

修剪改造小老树应从以下几方面入手:首先,降低营养消耗,剪除多余花芽,少留果,减少不必要的营养消耗,养根壮树。其次,扶持骨干枝延长头。骨干枝延长头上3年生以内的枝一律不留花芽,留壮枝、壮芽带头,也可将衰弱延长头换头,增强骨干枝生长势。第三,1年生枝中截,利用壮枝、壮芽带头,增加枝叶量,扩大光合面积,积累较多的有机营养,进一步培养壮枝、壮芽,等其生机转旺、愈伤能力恢复后,再逐年疏除衰老大枝。另外,加强土壤管理,增施有机肥料,促使根系复壮;同时增加叶面喷肥,提高营养积累水平。

18. 不同苹果品种的修剪特点有哪些?

(1)新红星 幼树成枝力低,延长枝不宜采用里芽外蹬或背后枝换头法开张主枝角度,而以撑、拉等方法开张角度为好。由于对修剪比较敏感,重剪易疯长、轻剪易衰弱,为保持树势中庸,除剪截外宜多采用缓放,3年生以前,一枝不疏,辅养枝、临时枝一律拉平。

夏季修剪效果明显,对背上新梢于半木质化时留3~5片叶扭梢,当年就有30%以上顶芽形成花。摘心成花也极明显,新梢生长发育至30厘米左右时,摘去5~7厘米顶梢,成花枝率较高,并且第一芽长出新梢还可第二次摘心。对环剥反应极敏感,容易过度削弱树势,因此主干不宜环剥。锥形枝较多(锥形枝特点是尖削度大、长度在15厘米以下),一般采用破顶芽剪,促生分枝、培养枝组;对两侧和下垂的锥形枝可让其自然生长,形成枝组。壮旺枝短截后,除抽生1~2个长枝外,下部易形成短果枝成花,连续短截也可以成花,利用此特点培养不同类型枝组。中庸营养枝可缓放不剪,易成花,结果后回缩培养结果枝组。结果枝组以疏除过强和过弱枝、留中庸枝不断更新。大量结果后注意疏除过密枝组,以利于通风透光。

(2)红富士 对于普通红富士系品种新梢生长量大,生长势强,为缓和树势,以轻剪为主。另外,该品种对修剪反应较敏感,重截易冒旺条,因此,在轻剪缓放的基础上可采用疏剪手法。

幼树轻剪,有利于缓和树势,提高坐果率。同时,注意开张角度,中心干上少留辅养枝,利用更换中心主干延长枝的办法,调节树势,防止上强下弱。对骨干枝延长枝,适度轻剪长放。盛果期树修剪突出一个"疏"字,及时疏除外围旺枝、竞争枝,以利冠内通风透光。疏除冠内徒长枝、骨干枝背上旺枝,特别是骨干枝中上部旺枝,以及冠内密挤枝,疏除细弱枝和弱枝组。冗长的结果枝组,要回缩疏除,促其后部分枝健壮成长,使结果部位紧凑。细弱果台枝,芽小,连续结果能力差,必须疏除较弱的果台枝,集中营养,促使较好枝延长生长。

健壮发育枝空间大时,可连续中短截,培养大型结果枝组,或戴帽剪培养大型枝组;空间小时可重短截,促生中小枝,培养中、小枝组。中庸枝空间大时,可行中截,培养中型结果枝组;空间小时,缓放中庸枝,结果后回缩成小枝组。细弱枝短截可形成小枝组。及时更新结果枝组,对长势旺的枝组可剪去顶端旺枝,控制其顶端优势,抑前促后。背上直立枝可重短截,长出新梢后,再连续摘心,促生分枝,对形成的结果枝组去弱留强。长势中庸的健壮枝组,调整叶芽和花芽的比例,确保丰产稳产。

短枝型红富士幼树顶端优势强,易出现上强下弱现象。因此,修剪应注意:疏除旺枝,多采用中庸枝换头;将强旺枝压平或压下垂以控制枝势。对骨干枝要特别注意角度开张。萌芽率高,枝条粗壮,易腋花芽结果,亦有一小部分 60 厘米左右长中庸枝顶芽结果,由此修剪特点应是只疏不截或少截,即疏除竞争枝和过密枝,骨干枝延长短截,其余枝甩放不剪。由于生长势强,定植后前 2 年骨干枝延长头可每年短截 2 次,以增加枝叶量,促进成花结果。一般 6 月份剪截一次,留长 25~30 厘米,冬剪时再截留 40~50 厘米。夏剪促花效果好。6 月上旬新梢 30 厘米左右时扭梢,成花枝率较高；8月上旬拿枝(水平或下垂)，成花率更高；4年生以后旺树、旺枝可行环剥。果枝连续结果能力强，但枝组结果过多易急速衰弱，要注意早更新。枝组上缓放枝易成花，待结果后回缩更新。

(3)金帅 幼树干性强，易出现上强下弱现象。对中央领导枝要采用弯曲延伸方法削弱长势，必要时采用换头法加以控制。该品系枝条较开张，成形容易。

对修剪反应不敏感。幼树骨干枝可多采用中截法，促生分枝，扩大树冠。1年生枝多短截，而多年生枝短截后容易枯死。1年生枝短截后，易抽生2～3个分枝，中下部多抽生3～5个短枝。成花容易，坐果率高，腋花芽较多。修剪时注意调节花量，延长枝疏除腋花芽，以免枝头结果过多下垂。主枝上一般不配侧枝，中长枝缓放成花后，回缩培养枝组；背上枝长势较弱，可短截培养小型枝组。可连续结果，并形成结果枝组。旺枝重截，发枝后缓放促花。壮枝行中截或重截，发枝后去直留斜，培养为中、小型结果枝组。细弱枝应加粗健壮后再短截，否则越短截越细，甚至干枯。细长枝连续缓放，果少、个小，且花枝形成也少，果台副梢不易成花，所以应在缓放出一串短果枝后，及时见花修剪，且要中重短截，果台副梢多次短截易成花。

七、花果管理

1. 人工授粉的方法有哪几种？

(1)点授　用旧报纸卷成铅笔状的硬纸棒，一端磨细呈削好的铅笔样，用来蘸取花粉，也可以用毛笔或橡皮头。花粉装在干净的小玻璃瓶中。授粉时，将蘸有花粉的纸棒向初开的花心轻轻一点就行。一次蘸粉，可点 3～5 朵花，一般每花序授粉 1～2 朵。

(2)喷粉　用 1 份花粉加 50 倍的滑石粉或地瓜面，充分混合后喷授。将已稀释过的花粉装在两层纱布袋中，用细绳把袋口扎紧，绑在长竿上，将袋子高举到树冠上和树冠内，在树冠上方轻轻振动，使花粉均匀落下授粉。

(3)液体喷雾　将花粉过筛，去除花药壳等杂物，每 1 升水加花粉 2 克、糖 50 克、尿素 3 克、硼砂 2 克，配成悬浮液，用超低量喷雾器喷雾。每株结果树喷布量为 0.15～0.25 千克，一般要求在全树花朵开放 60％ 左右时喷布为好，并在短时间（1～2 小时）内喷完，否则会因花粉在溶液中发芽而失效。喷雾时，喷头离花要近，喷布要周到、均匀、细致，注意悬浮液要随配随用。

2. 如何进行人工授粉？应注意什么问题？

大部分苹果品种具有自花结实的能力，但自花授粉结实率较低，不能满足苹果生产的需要，若能人工辅助授粉或放蜂传粉，可显著提高产量和改善果实品质，尤其在花期遇到阴雨、低温、大风及干热风等不良天气，造成严重授粉受精不良时，人工授粉效果更好。实践证明，即使在良好的天气条件下，人工授粉也可以显著提高坐果率和改善果实品质，即使在有足够授粉树的情况下，也应大力推行人工授粉工作。

(1)花粉的采集 在主栽品种开花前,选择适宜的授粉品种,采集含苞待放的铃铛花,带回室内。采花时要注意不要影响授粉树的产量,可按疏花的要求进行。采花量根据授粉面积来定。据研究,每 10 千克鲜花能出 1 千克鲜花药;每 5 千克鲜花药在阴干后能出 1 千克干花粉,可供 2～3 公顷果园授粉用。

采回的鲜花立即取花药。将两花相对,互相揉搓,让花药落在光滑的纸上,去除花丝、花瓣等杂物,准备取粉。大面积授粉可采用花粉机制粉。取粉方法有以下 3 种。

①阴干取粉 将花药均匀摊在光滑洁净的纸上,放在空气相对湿度 60％～80％、温度 20℃～25℃ 的通风房间内,经 2 天左右花药即可自行开裂,散出黄色的花粉。

②火炕增温取粉 在火炕上垫上厚纸板等物,放上光滑洁净的纸,纸上平放一温度计,将花药均匀摊在上面,保持温度在 22℃～25℃。一般 1 天左右即可。

③温箱取粉 找一纸箱(苹果箱、木箱等),箱底铺一张光洁的纸板或报纸,平放温度计,摊上花粉,上面悬挂一个 60～100 瓦的灯泡,调整灯泡高度,使箱底温度保持 22℃～25℃,经 24 小时左右即可。干燥好的花粉连同花药壳一起收集在干燥的玻璃瓶中,放在阴凉干燥的地方备用。

(2)授粉方法 用毛笔或橡皮头,用来蘸取花粉。花粉装在干净的小玻璃瓶中。授粉时,将蘸有花粉的毛笔向初开的花心轻轻一点就行。一次蘸粉可点 3～5 朵花,一般每花序授粉 1～2 朵。

(3)注意事项

①要保持花粉良好的生活力,采粉、取粉过程中阴干、加温等环节,避免使花粉受高温烧伤。

②一次授粉结束后,剩余花粉易黏结,及时带回室内晾干,放在玻璃板上碾碎,以便再用。

③干花粉的贮藏,花药干燥散粉后,要连同花粉囊一起用纸包好,或放入玻璃瓶内,盖紧瓶口,放置干燥阴凉处备用。

④若花期遇雨,要冒雨抢时间授粉,并且单花的授粉量要适当增加,同时,增加授粉次数,开一次花授一次粉,以减少不良天气造成的损失。

⑤苹果花开放当天授粉坐果率最高,因此,要在初花期,即全树约有25%的花开放时就抓紧开始授粉。

⑥授粉要在上午9时至下午4时之间进行。同时,要注意分期授粉,一般于初花期和盛花期授粉2次效果比较好。

3. 目前,用于苹果花期授粉的蜂种主要有哪几种?

苹果园花期放蜂,可以大大提高授粉效率,而且可避免人工授粉对时间掌握不准、对树梢及内膛操作不便等弊端。生产中花期放蜂主要释放蜜蜂和角额壁蜂。

(1)**蜜蜂授粉** 蜜蜂授粉是我国苹果园中长期采用的方法。一般情况下,每箱蜂可以保证0.5~0.7公顷果园授粉。中华蜜蜂较耐低温,授粉工作时间长,比意大利蜜蜂授粉效率高,注意在开花前2~3天将蜂放入果园,使蜜蜂熟悉果园环境。另外,放蜂果园花期及花前不要喷用农药,以免引起蜜蜂中毒,造成损失。

(2)**壁蜂授粉** 目前我国苹果主产区如山东的胶东地区,已大面积推广壁蜂授粉,现初步明确专门为果树授粉的壁蜂有5种:紫壁蜂、凹唇壁蜂、角额壁蜂、叉壁蜂和壮壁蜂,其中凹唇壁蜂和角额壁蜂在苹果上应用较多。壁蜂的授粉能力是普通蜜蜂的70~80倍,每667平方米果园仅需60~80头壁蜂即可满足需要。果园放蜂要注意花期及花前不要喷用农药,以免引起蜂中毒,造成不必要的损失。

4. 应用壁蜂授粉的时间如何掌握？壁蜂授粉方法是什么？

在释放壁蜂前,设置好蜂巢。蜂巢场地选择在背风向阳处,要有活动空间,巢口向南,每隔 20 米放一个,每 667 平方米放蜂巢 1.5 个,蜂巢距地面 40～50 厘米,蜂巢上盖防雨板,要超出蜂巢口 10 厘米。在蜂巢附近 1～2 米远,挖一个长 40 厘米、宽 30 厘米、深 30 厘米的土坑,然后铺上塑料布,再装一半土、一半水,并经常保持坑内半水半泥状态,给壁蜂采泥封茧用。为解决花粉不足的问题,可在蜂巢周围栽一些萝卜等蜜源植物。

将购回的蜂茧装入罐头瓶里,用纱布和橡皮筋将瓶口封紧,放在冰箱中保持 0℃～4℃保存。释放前 5～7 天从 4℃调至 8℃。在苹果开花前 3～4 天,将蜂茧从冰箱中取出,装在带有 3 个孔眼的小纸盒里(6.5 厘米大小,可用小药品盒),每盒放 60 头蜂茧,分别放在蜂巢口前。放蜂 8～9 天后检查蜂茧,对没有破茧的成虫要在茧突部位割一个小口以帮助出茧。另外,在放蜂期要防治蚂蚁、雀鸟等天敌为害,防止雨水浸湿蜂巢,并禁止喷农药。

5. 壁蜂授粉后巢管如何回收和保存？

(1)巢管和巢箱的结构 巢管主要采用芦苇管,内径为 6～6.8 毫米。选择适宜内径的芦苇锯成 16～18 厘米长的芦管,一端留节,一端开口,管口应不留毛刺,芦管无虫孔。将管口染成红、绿、黄、白 4 种颜色,各颜色比例为 4：3：2：1。然后将芦苇巢管每 50 支用细绳、细铁丝等捆成一捆备用。

巢箱主要有三种,硬纸箱包裹一层塑料薄膜改制而成、木板钉成的木质巢箱和砖石砌成的永久性巢箱。各巢箱体积均为 20 厘米×26 厘米×20 厘米,五面封闭,一面开口,留檐长度不少于 10 厘米。巢管排列时先在巢箱底部放 3 捆,其上放一硬纸板,并突出巢管1～2厘米,在硬纸板上再放3捆巢管,上面再放一硬纸板,在巢箱上部的两个内侧面用石块或木条将纸板和巢捆固定在巢箱中,巢管顶部与巢捆间留一空隙,供放蜂时安放蜂茧盒之用。

(2)巢管保存　在壁蜂停止活动1周后,收回有蜂茧的巢管,将巢管捆好,挂在通风无污染的空房横梁上,以防鼠、雀和螨等为害。于12月初剥巢取茧,然后每500个蜂茧装一罐头瓶中常温保存。春节后放入冰箱中0℃～4℃保存。

6. 为什么要疏花疏果? 怎样计算合理留果量?

(1)疏花疏果的作用　苹果在花量过大、坐果率过高、树体留果量过重时,准确运用疏花疏果技术,控制坐果率,使树体负载合理,是防止大小年和提高苹果品质的重要措施。

①**可使苹果连年丰产**　花芽分化和果实发育是同时进行的,当营养条件充足或负载合理时,既可保证果实正常生长发育,又可促进花芽分化;而当营养不足或负载量过大时,则营养的供应和消耗之间易发生矛盾,过多的果实抑制了花芽分化,削弱了树势,易引起苹果大小年现象。因此,合理地疏花疏果,是调节生长和结果的关系,达到丰产稳产,提高苹果品质的必要措施。

②**可以提高坐果率**　疏花疏果尽管疏掉了一部分果实,但节省了树体营养的无效消耗,并且减少了无效花而增加了有效花的比例,提高了坐果率。

③**提高苹果品质**　由于减少了结果数量,使留下的果实增大,且果实大小整齐,另外,疏果时疏掉了病虫果、畸形果、梢头果,增加了好果率。

④**使树体健壮**　开花坐果过多,消耗了树体大量贮藏营养,叶果比变小,树体营养的制造状况和积累水平下降,影响翌年苹果树的生长发育。而疏掉多余的花果,可以使树体营养分配合理,相对提高了营养水平,有利于枝、叶和根系的生长发育,使树体健壮。

(2)合理留果量 树体留果量过多,对果实的个体发育影响很大,引起果实单果重降低,畸形果增多。生产上按照合理的留果量指标,应根据不同的品种和树势,达到合理的叶果比和枝果比,保持良好的营养生长和生殖生长的平衡关系,以满足果实的正常发育。生产中常用的简便方法:

①花芽、叶芽比例 苹果主产区经验是盛果期树,花芽和叶芽的比例,以 1:3 左右为宜。

②叶果比 叶果比是以果实为基础,按每果需要多少叶片来表示。在目前的苹果生产中,苹果中型果品种的叶果比,宜为30~50:1;大型果品种的叶果比,宜为 50~70:1;适宜的叶果比,还应根据品种的成熟期和品种、砧木组合加以调整,一般而言,早熟品种的适宜的叶果比,应大于晚熟品种;乔砧和普通型品种的适宜的叶果比,应大于矮砧和短枝型品种 1 倍左右。

③枝果比 枝果比是以果实为基础,按每果平均占有的枝梢数来表示。当前主栽苹果的枝果比,以 3~5:1 比较适宜,一般情况下,树势不同时,适宜的枝果比范围也有相应的区别,弱树为4:1,强树为 2:1 比较适宜。如日本对红富士疏果经验,以枝果比 5:1 的比例留果最为适宜。

据于绍夫等研究,枝果比的适宜范围,基本上能与适宜的叶果比相适应。苹果枝条的平均叶片数,一般为 13~15 个叶片,枝果比为 3:1 时,叶果比就可以达到 39~45:1;枝果比为 5:1 时,叶果比就可以达到 45~75:1;枝果比与叶果比相比较,在生产中应用更为简化。

7. 什么时间疏花疏果最好? 怎样进行?

(1)疏花疏果时期 合理疏花疏果,可以节省大量养分,使树体负载合理,提高果品质量,保持树势,保证丰产稳产,防止大小年结果。苹果园更应疏花疏果,而且要求更加严格,可以节省树体大量养分,使树体负载更加合理,提高果品质量,保持树势,保证丰产稳产,防止大小年结果。

疏花时期是从花序分离到初花期;疏果时期,是从盛花后1周开始,在谢花后25~30天疏完果为宜,疏果的适宜时期有20天左右。疏果过早,由于果实太小,疏果技术很难掌握;疏果过晚,又达不到预期的作用。

(2)疏花疏果的方法

①以花定果法 能够促使树体健壮,抗病力增强,减轻或克服大小年结果现象,丰产稳产,果个大,果桩高,果品质量好,是提高果品质量的关键技术之一。

疏花要于花序分离期开始,至开花前完成,越早越好,一次完成。按每20~25厘米留1个花序,多余花序全部疏除。疏花时要先上后下,先里后外,先去掉弱枝花、腋花和顶头花,多留短枝花。然后疏除每花序的边花,只留中心花,小型果可多留1朵边花。

以花定果法必须具有健壮的树势和饱满的花芽,冬季要细致修剪,剪除弱枝弱花芽选留壮枝饱满芽;另外,果园内授粉树数量要充足,配备要合理,同时必须人工辅助授粉,以确保坐果。

②间距疏果法 疏果要在谢花后10天开始,20天内完成。这样不仅能节省大量营养,促进幼果发育和枝叶生长,提高果品产量和质量,而且有利于花芽分化和形成,做到优质丰产稳产,同时能严格控制留果量,防止过量结果。

根据品种、树势和栽培条件,合理确定留果间距和留果量,大型果品种如元帅系、红富士系等每隔20~25厘米留1个果台,每台只留1个中心果,壮树壮枝每20厘米留1个果,弱树弱枝每25厘米留1个果;小型果品种每台可留2个果,其余全部疏掉。疏果时要首先去掉小果、病虫果和畸形果,保留大果、好果。疏花疏果技术要因树制宜,授粉条件好、坐果率高的果园,可以采用先疏花后定果的方法,即按照留果标准,选留壮枝花序以后把多余花序全部疏除，坐果后再定果；授粉条件差，坐果率较低的果园，可以采用一次性疏果定果的方法。如果前期疏花疏果时留量过大，到 7 月上中旬时可明显看出超负荷。此时要坚决进行后期疏果。后期疏果不仅不会减产，而且能够提高产量和品质，增加产值。

8. 什么叫合理负载？合理负载有哪些判断方法？

苹果栽培要求控制负载量，果实分布均匀合理，留果过多，苹果的质量降低，因此要严格疏花疏果、合理负载，以免相互遮光造成不良影响。果实的分布与树体枝条的分布是一致的，尽量使果实均匀分布在枝条的下方，达到立体结果的目的。

合理负载的标准，应根据品种、树龄、管理水平及品质要求来确定，留果标准一般有以下几种方法：

(1)根据主干截面积确定留花果量　树体的负载能力与其树干粗度密切相关，可以此为依据计算苹果树适宜的留花、留果量，公式为：

$$Y = (3 \sim 4) \times 0.08C^2 \times A$$

Y 指单株合理留花、留果量（个）；(3～4)指每平方厘米主干截面积留 3～4 个果（按每千克 6 个果计算）；C 为树干距地面 20 厘米处的周长（厘米）；A 为保险系数，以花定果时取 1.20，即多留 20％的花量，疏果定果时取 1.05，即多留 5％的果量。

使用时，只要量出距地面 20 厘米处的主干周，代入公式就可以计算出该株适宜的留果个数。如某单株主干周为 30 厘米，其单株留花量＝3×0.08×30²×1.20＝259.2≈259（个），留果量＝3×0.08×30²×1.05＝226.8≈227（个）。

为使用方便，可以事先按公式计算出不同主干周的留花、留果量，制成表格，使用时量主干周查表即可（如表 4）。

表4　苹果不同干周适宜留花留果量

干周(厘米)	留花量(个)	留果量(个)
10	29	25
15	65	57
20	115	101
25	180	158
30	259	227
35	353	309
40	461	403
45	583	510
50	720	630
……	……	……

(2)根据主枝截面积确定留花果量　以主干截面积确定留花果量,在幼树上容易做到,而在成龄大树上,总负载量在各主枝上如何分担就不容易掌握。因此,山东省果树研究所提出,以主枝截面积确定各主枝适宜的留花果量。公式如下:

合理留花量(个)=(3~4)×0.08C²

合理留果量=(3~4)×0.066C²

C为主枝基部处的周长(厘米)。以上公式在主枝数3~8的范围内都可以应用。

八、果实套袋技术

1. 果实套袋的作用是什么？

水果套袋能防止或减少多种病、虫、鸟害，降低农药残留和空气污染，促进果实着色、提高果面光洁度、增强果实品质和商品价值。套袋是无公害果品生产的重要途径，也是世界果树栽培制度的一项重大变革。

(1)促进果面着色 红色苹果果面颜色鲜红，颇受消费者欢迎，且商品价值高。通过套袋，果实长期在遮光条件下生长，抑制了叶绿素的合成，从而使果皮表面的底色变浅，以利于花青苷的充分显现，使果实在极少量绿色底色的基础上，显现出鲜红的色泽。如红色品种红富士、新红星和乔纳金等。据试验，短枝红富士套袋果实比对照鲜艳果率和着色指数分别提高 85％和 28.7％。

(2)防除果锈 苹果果皮结构可划分为角质层、表皮、下表皮以及茸毛、皮孔等，发生果锈的苹果也有木栓层产生。其中蜡质、角质层、皮孔、木栓层、木栓形成层和栓内层的形成与果实酚类物质的代谢密切相关。果皮结构状况直接影响到果面光洁度。套袋后果面各部分所处的微域环境较为均匀一致，大大减轻了风、雨、农药、有害光线等外界不良环境条件的直接刺激，从而减轻了果实的自我保护压力，果皮发育稳定、和缓，表皮层细胞排列紧密。另一方面，套袋遮光还抑制了 PAL、PPO、POD 等木质素、蜡质、角质层等合成酶的活性，因此表皮层细胞分泌蜡质少，木质素合成减少，木栓形成层的发生及活动受到抑制，皮孔发生少且小。套袋除防止果锈、果点变小外，能杜绝污染果面的煤污斑、药斑、枝叶磨斑等，使果面光洁美观。

(3)预防病虫害,减少农药残留量 套袋的最初目的是为了防治其他方法不易防治的果实病虫害。实践表明,套袋对在果面及叶片上产卵的蛀果害虫如食心虫类、椿象类以及梨象、污果的梨木虱等都有较好的防治效果,对于各种各样的果实病害如轮纹病、炭疽病、黑星病等烂果病亦有较好的防治效果,全年打药次数可减少2～4次。由于苹果套袋后减少了用药次数,从而降低了农药残留,经测定套袋果实农药残留量仅为 0.045 毫克/千克,而不套袋的是 0.24 毫克/千克。因此,套袋成为当前开发绿色食品不可缺少的重要措施之一。而对于喷布波尔多液较多的葡萄套袋后可以充分喷布药物,而不必担心果实受到污染。

(4)提高贮藏性 果皮结构对果实贮藏性有重要影响。果实散失水分主要通过皮孔和角质层裂缝,而角质层是气体交换的主要通道。角质层过厚则果实气体交换不良,二氧化碳、己醛和己醇等大量积累而发生褐变,过薄则果实代谢旺盛,抗病性下降。套袋后皮孔覆盖值降低,角质层分布均匀一致,果实不易失水皱皮;另一方面,套袋减少了病虫侵染,因此贮藏期病害大大减少,提高了果实的贮藏性能。据调查,苹果贮藏 120 天,套袋果烂果率为0.8%,不套袋果为 14.2%,降低 13.4 个百分点;套袋果失水率为5.5%,不套袋果为 5.8%,降低 0.3 个百分点。套袋对果皮结构的影响同样受到多种多样环境条件的制约,例如不同袋型的选择、树体及果实的选择、套袋及除袋时期、不同地域等对套袋后果皮的发育都有着十分重要的影响。已经证实,果袋遮光性越好,套袋时期越早则套袋效果越显著。另外,套袋后袋内湿度状况对果皮结构的发育也起着至关重要的作用。

(5)提高商品价值 套袋后可防止灰尘、农药等对果面的污染以及果面煤污病等。另外,还可防止鸟雀、大金龟子、大蜂类等为害以及防冰雹伤果等。对于易裂果的果实(部分葡萄品种和中华寿桃等),套袋可防止裂果的发生,如燕红桃应用不同纸袋套袋可减轻裂果 37%～44%，北方桃产区的中华寿桃套袋后几乎无裂果发生，而不套袋裂果率达 80% 以上，大大提高了栽培的经济效益。套袋前必须结合疏果，几乎无残次果，因此大大提高了果实的等级果率。另外，套袋后对成熟期及生长不一致的品种（如葡萄）有利于分期采收，不致受病虫危害，并且能迅速增大果个，提高果品等级和商品价值，增加经济效益。据近几年对套袋红富士苹果市场调查显示，售价比未套袋果高 2 倍以上。

总之，套袋能显著改善果实的综合品质，且好果率高，大大提高果实的商品价值，是我国当前生产高档果品，提高其在国际市场上竞争力的一项不可缺少的重要措施之一。

2. 苹果套袋前如何有效管理？

苹果套袋栽培要求在树体枝量合理、病虫害防治有保障的前提下进行，否则效果差，且易出现特殊病虫危害。因此，首先在冬季修剪时就要注意树体结构的调整，原则是树冠稀疏，通风透光良好，达到生长季节树冠下有"花影"。其次，果实套袋目的是生产优质果，为避免产生小果，降低效益，浪费纸袋，应合理地疏花疏果，一般每 20～25 厘米留 1 个果，不留双果，疏除梢头果、畸形果和病虫果等。第三，由于果实套袋后喷布的农药不能直接接触果面，若套袋前喷药不及时，病、虫易滋生繁衍，因此在套袋前应全面均匀地喷布 1～2 遍杀虫、杀菌剂，然后套袋。此时期是各种病虫害开始大量发生、危害的时期，应密切注意病虫害的发生、发展动态，防治重点是早期落叶病、轮纹病、炭疽病、红蜘蛛、蚜虫、金纹细蛾、棉铃虫和桃小食心虫等。

谢花后喷布第一次杀菌剂。为防治早期落叶病和霉心病，可以选用 10% 宝丽安 1 000～1 500 倍液，或者 1.5% 多抗霉素 300～500 倍液、50% 扑海因 1 000～1 500 倍液、70% 乙锰合剂 300～400 倍液等药剂；防治轮纹烂果病可用 70% 甲基硫菌灵 800～1 000 倍液,或 25% 炭特灵 600～800 倍液、轮纹净 300～500 倍液等药剂;在白粉病发生的园片可以混入 20% 粉锈宁 3 000 倍液。

喷布第二遍杀菌剂,防治对象仍然是早期落叶病、轮纹病和霉心病等。

为防治苹果蚜虫,可喷施 10% 吡虫啉(扑虱蚜)3 000～5 000 倍液;为防治金纹细蛾,可喷用 20% 杀铃脲(氟幼灵)8 000～10 000 倍液,或 25% 灭幼脲 3 号 2 000 倍液,并兼治多种鳞翅目害虫。

经常发生苦痘病的果园,在坐果后每隔半月喷一次氨基酸钙 300 倍液;悬挂桃小食心虫性诱芯。6 月上旬根据预测预报情况,在雨后幼虫连续出土时地面撒施辛硫磷颗粒剂,每 667 平方米苹果园用药 2～2.5 千克。也可地面喷施 40.7% 毒死蜱 400～500 倍液,或 50% 辛硫磷 200～300 倍液,喷后浅锄耙平。

3. 苹果纸袋有哪些种类? 如何选择苹果纸袋?

(1)纸袋种类 苹果果实袋的种类很多,如按照果实袋的层数可以分为单层袋、双层袋和三层袋;按照果实袋的大小可分为大袋和小袋;按照涂布的药剂不同可分为防虫袋、杀菌袋和防虫、杀菌袋三类;按照捆扎丝的放置位置可分横丝袋和竖丝袋两种;若按照袋口形状分类可分为平口袋、凹形口袋及"V"形口袋等。

日本苹果套袋起步较早,套袋技术高,已经研制出针对不同苹果品种的各种果实专用袋,取得了良好的效果。我国苹果套袋栽培起步较晚,套袋技术水平低,纸袋的研制还在进行当中。袋的遮光性愈强,其促进着色的效果愈显著,双层纸袋一般比单层纸袋遮光性强,故促进着色的效果要好于单层袋,防病虫及降低果实农药残留量的效果也好于单层袋,但制袋成本较高,一般为单层纸袋的两倍左右。我国苹果有袋栽培中,所用纸袋多为双层袋和单层袋两种类型。三层纸袋套袋效果更佳,但成本高我国果农极少应用。

①双层袋　日本所用的双层袋,主要由两个袋组合而成,外袋是双色纸,外侧主要是灰色、绿色、蓝色三种颜色,内侧为黑色。这样一来,外袋起到隔绝阳光的作用,果皮内叶绿素的生成在生长期即被抑制,套在袋内的果实果皮叶绿素含量极低;内袋由农药处理过的蜡纸制成,主要有绿色、红色和蓝色三种。台湾双层袋,外袋外侧灰色,内侧黑色,内袋为黑色;我国生产的双层袋,外袋外侧灰色,内侧黑色,内袋为红色。

②单层袋　生产中应用种类较多。如台湾的单层袋,外侧银灰色,内侧黑色。我国生产的外侧灰色,内侧黑色单层袋(复合纸袋);木浆纸原色单层袋;黄色涂蜡单层袋。除商品果袋外,还有果农自己制作的自制袋,套袋效果也不错,制作时应该用全木浆纸,这种纸机械强度较高,可避免使用过程中纸袋破损现象的发生,而不应该用草浆纸等。制作报纸袋时可用缝纫机缝制,并涂布一层石蜡或柿漆油,增强其抗雨水冲刷能力。涂蜡木浆纸袋在高温季节,袋内温度过高,较易发生日烧;新闻报纸袋缺点是易破碎。

(2)纸袋种类的选择　生产中选用果实袋种类,应依据苹果品种、立地条件等因素而定。

①根据品种选择果袋　黄色和绿色苹果品种不需着色,套袋的目的主要是促使果面光洁和降低果实中农药残留量,这类苹果品种以金帅为代表。为防除金帅果锈,套袋是最有效的措施之一。因此,这类苹果品种宜选用单层袋。我国主要选用原色木浆纸袋和复合型单层袋,日本选用 PK-5 号、牛皮纸小袋和千曲黑 2-8。较易着色的红色苹果品种,如嘎拉、新红星、新乔纳金等主要采用单层袋,如复合型纸袋和原色木浆纸袋。较难着色的红色苹果品种,如红将军、红富士、乔纳金等,主要采用双层袋。我国对以上品种未具体研制各自的袋型,而日本却研制出具体袋型,如日本在富士上应用的袋型有:M 千曲竹青 2-8、M 千曲红 2-8、M 千曲绀紫2-8、千曲竹青 2-8、千曲红 2-8 和千曲绀紫 2-8;乔纳金应用的有:

M千曲竹青 2-8、M千曲红 2-8、千曲竹青 2-7 和千曲红 2-7。北斗苹果上应用的有千曲竹青 2-7 和千曲红 2-7 等。

②根据立地条件选用袋型　气候条件如光照、昼夜温差、降水等对套袋后的效果有很大影响。因此,不同的气候环境条件,即使同一品种所应用的果实袋类型也应有所差别。如较难上色的红富士苹果在海拔高、温差大、光照强的地区,采用单层袋,其促进着色的效果也不错,为节省套袋费用,可以选用单层袋,而在海洋性气候或内陆温差较小的地区,宜采用双层袋促进着色。

高温多雨地区宜选用通气性良好的果实袋,防止袋内高温、高湿而诱发水锈。高温少雨的地区宜采用反光性强的纸袋,不宜采用涂蜡纸袋,最大限度地避免日烧现象的发生。在西北黄土高原和西南高原等高海拔地区,一般苹果品种极易上色,有时会出现着色过浓的现象,为防止苹果着色过浓,可套单层袋解决。

4. 苹果套袋适期是什么时候?

依据苹果品种和套袋的目的不同,选择适宜的套袋时期。一般而言,果树生理落果后定果套袋,但金帅等以防锈为目的,且幼果期是果锈发生期。因此,套袋应在谢花后 10 天开始,10～15 天内完成,否则防锈效果差。套袋果实发生日烧病与高温干旱有关,也与袋类、树势、部位、管理水平等有关。为避开初夏高温干旱天气,防止发生日烧病,可以适当推迟套袋时期,或套袋前全园浇一遍水,提高果园墒情;加强土肥水管理,增强树体生长势;背上枝的果实不套;弱树不套。

据笔者 1997 年在胶东沿海几个县市调查显示,日本小林袋、韩国袋日烧病发生率最低,而涂蜡纸袋、内外双层黑袋发病重;浇水次数多的果园发病轻,而浇水少的果园发病重;弱树发病重,旺树轻;果实日烧病发生的部位以树体南部、西部以及位于枝干上部的果实发病较重。

套袋时,应将纸袋吹起呈膨大状或用手撑鼓,保证果实在袋中央,以免果面与袋接触而烫伤;袋口一边的铁丝应别在折叠好的袋口处,不能别于果柄上。

苹果在花期由于授粉受精不良或因花的质量差,以及树体营养问题等,存在一个生理落果过程。所以,套袋的时期过早,不能保证每个袋内长成一个优质果实,假若套在袋内的果实脱落过多,不仅造成纸袋和人工的浪费,还会影响果树产量。因此,苹果的套袋时期应在生理落果后,结合疏果进行,如对于不易产生果锈的中晚熟红色品种(红富士、新乔纳金、新红星等),于6月初进行,一直可延续至7月初。据研究,新红星5月30日套袋,鲜艳果率为91.7%,6月20日套袋为85%,而可溶性固形物含量,套袋越早含量越低。

对于防止产生果锈或使果点变浅,应在果锈发生前,即在落花后10天开始套袋。由于一般黄绿色品种果锈发生期在落花后10～40天,因此金帅等防果锈苹果品种应套袋越早越好。金帅苹果落花后10天内套袋几乎无果锈发生。另外,为防止浪费果袋,金帅在没有完成生理落果前可套小纸袋,一般金帅等易感锈品种在落花后10～40天发生,只要此间套上小袋不破碎,果锈可基本得到控制,待小袋撑裂再套大袋,可以保持果面光洁,效果更好。

5. 苹果如何套袋?

苹果套袋方法是,选定幼果后,手托纸袋,先撑开袋口,或用嘴吹,使袋底两角的通风放水孔张开,袋体膨起;手执袋口下3厘米左右处,袋口向上或袋口向下,套上果实,然后从袋口两侧依次折叠袋口于切口处,将捆扎丝反转90°,扎紧袋口于折叠处,让幼果处于袋体中央,不要将捆扎丝缠在果柄上。

日本长野县苹果套袋操作技术:将果实袋放在左手掌上,左手的2个手指扶住袋子,袋口向下,与手腕平行;用右手食指把袋子取出的同时,把拇指放入袋口;用左手的拇指、食指和中指捏住袋的左角,向袋内吹气,使袋膨起;用左手的中指挟住果实的柄,使其向外;将袋子从里向外拉的同时,左手拇指也伸入袋内挟住果实;把袋子卷一下,再用两食指加上左手中指,在袋的开口处挟住果实;挟住果实的同时放开拇指,使右手拇指在固定金属片上,左手拇指在袋子的右上部;用左手将袋子的 7/10 的部位往左侧倾斜;用左手拇指支住袋子,用食指折回来;就这样用食指支住袋子,再将袋上原有的金属片用右手拇指从右往左折成"V"字形。并让果实处于袋体中央。

6. 苹果摘袋时期怎样确定? 如何摘袋?

(1)摘袋时期的确定 不同苹果品种、不同立地、气候条件摘袋的时期也有所差异。红色品种如新红星、新乔纳金,在海洋性气候、内陆果区,一般于采收前 15～20 天摘袋;在冷凉或温差大的地区,采收前 10～15 天摘袋比较适宜;在套袋防止果色过浓的地区,可在采收前 5～7 天摘袋。较难上色的红色品种红富士、乔纳金等,在海洋性气候、内陆果区,采收前 30 天摘袋;在冷凉地区或温差大的地区采收前 20～25 天摘袋为宜。黄绿色品种,在采收时连同纸袋一起摘下,或采收前 5～7 天摘袋。

不同季节的日照强度和长度不一样,苹果品种的摘袋时期也有差异。日照强度大、时间长和晴天多的地区或季节,摘袋时间可距采收期近一些;反之,则应早一些除袋。摘袋时,最好选择阴天或多云天气进行。若在晴天摘袋,为使果实由暗光逐步过渡至散射光,在 1 天内,应在上午 10～12 时先去除树冠东部和北部的果实袋,下午 2～4 时去除树冠西部、南部的果实袋,这样可减少因果面温度剧变而引起日烧的发生。

(2)摘袋方法 双层袋摘除时,先去掉外层袋,一般是在摘除外层袋 5～7 天后,然后摘除内层袋。摘除内层袋时,应在阴天或晴天的 10～14 时进行，不宜选在早晨或傍晚。日烧的发生，并非是日光的直射引起的，而是果皮表面温度的变化所造成的。选在中午摘除内层袋，就是因为此时果皮表面的温度与大气温度几乎相等或略高于大气温度，因而不至于产生较大的温差，可以避免日烧的发生。此外，若遇连阴雨天气，摘除内层袋的时间应推迟，以免摘袋后果皮表面再形成叶绿素。摘除单层袋时，首先打开袋底通风或将纸袋撕成长条，3～5 天后即全部摘除。

7. 苹果摘袋后如何管理？

苹果摘袋后，主要是促进果实着色。套袋苹果的着色管理，是指除袋后所采取的一系列促进着色的技术措施，这些技术措施主要有秋剪、摘叶、转果、垫果和铺反光膜等。

(1)秋剪 秋剪不仅能增加光照，而且能提高果实品质。树体要有一个良好的受光环境，就必须进行合理的整形修剪，仅靠冬季修剪远远满足不了果实的需光量。树冠内相对日照量在20％～30％为宜，为达到这一标准，还要进行秋季修剪，以使各处枝都可得到良好的光照，使每个枝的叶层光照均匀，各枝之间要有足够的空间，以便保证有足够的光照。这样在果实着色期内，即除袋后，清除树冠内徒长枝，疏间外围竞争枝，以及骨干枝背上直立旺梢，能大大改善树冠内光照条件。

另外，树冠下部部分裙枝和长结果枝，在果实策略的作用下，容易压弯下垂，为了解决下垂枝内果实的光照条件，可采用立支柱或吊枝等措施。据王金政等(1989)研究，秋剪对秀水苹果大幅度增加果实着色度和提高果实品质。在秋剪疏截了发育枝总量的48％和38％的情况下，一天内树冠内的绝对光强比秋剪前提高54A1％～121A3％ 和 36A54％～54A2％，相对光强增加41A3％～231A78％和22A57％～131A82％，果实着色指数比对照提高 170A36％和74A86％。果实可溶性固形物含量分别比对照提高 2A9％,花青素含量比对照分别提高 35A3％和 29A4％,总糖比对照分别提高 16A5％和 6A1％,总酸比对照降低 16A2％和 2A3％。

(2)摘叶　摘叶是用剪子将叶片剪除,仅留叶柄即可,其目的主要是为了摘除影响果实受光的叶片,增加果面受光面积。据久米靖穗(1980 年)进行的摘叶试验表明,当树冠上部的摘叶程度为 19％～59％,树冠下部的摘叶程度为 34％～78％时,对富士果实的发育,未出现不良的影响;树冠下部和下部北侧的果实,折光糖的含量以摘叶的稍高。无论树冠上部的果实,还是树冠下部的果实,都以 9 月份摘叶的较好,9 月份摘叶,对翌年开花无不良影响。为此,久米靖穗的摘叶方法是:9 月上旬开始对红星摘叶,红星摘完叶后,紧接着对富士摘叶,完成全部应摘叶面积的 60％～70％;10 月上旬红星、金冠采果结束后,对富士剩下应摘除的 30％～40％叶面积,进行摘叶。摘叶以摘除果台基部叶为主,也应适当摘除果实附近新梢基部到中部的叶片,以增加果实的直接光照程度,有效地增进果实着色。

据日本对红星摘叶试验证明,以 9 月初摘叶不影响翌年开花率。另据王少敏等研究,红富士摘叶 30％时,不影响果实含糖量,却增加全红果率。理由是摘叶 30％不是一次摘除的,虽然第一次摘叶是在 9 月下旬,但摘叶量极少,仅摘除直接影响果面的叶片;另外第二、第三次摘叶,尽管摘叶量大,但时间是在 10 月份,此期由于气温逐渐下降,叶片光合作用逐渐减退,对树体贮藏营养的积累影响不大。另据日本在富士上摘叶试验,设全摘叶、摘新梢叶、摘果台叶和对照 4 个处理,摘叶时期为 10 月 3～12 日,可溶性固形物含量分别为 13.6％、14.5％、14.9％和 14.9％,翌年开花株率分别为 25.0％、58.4％、65.1％和 66.6％。

(3)转果、垫果　转果的目的是使果实的阴面也能获得阳光的直射而使果面全面着色。转果的时期,是除袋后 1 周左右转果 1

次,共转 2~3 次;对于下垂果,因为没有可使果实固定的部位,可用透明胶带连接在附近合适枝上固定住。转果时应注意,切勿用力过猛,以免扭落果实。

垫果就是用软质纸或泡沫板等,隔离果实与枝或硬物的接触,防止果面磨伤或划伤。

(4)铺反光膜 反光膜是指涂上银粉,具有反光作用的塑料膜。铺反光膜主要是使果实萼洼部位和树冠下部及树冠北部的果实也能受光,从而增加全红果率。铺反光膜明显地增强了冠内下部的光照强度,平均反射光照强度比对照增大 4 倍多。

反光膜铺设时间,以内袋摘除后即开始铺。铺设反光膜之前,进行第一次摘叶,并疏除徒长枝等,以增加光照。铺设方法是顺行间方向整平树盘,在树盘的中外部铺设两幅,膜外缘与树冠外缘对齐,再用装土沙、石块或砖块的塑料袋多点压实,防止被风卷起和刮破,每 667 平方米铺设反光膜面积 350~400 平方米。

(5)喷布植物生长调节剂 果实生长发育过程中,受复杂的内源激素系统的制约。在加强一般农业技术措施的基础上,采用叶面喷布植物激素的方法,可以提高苹果的果品质量和档次,通常在如下几个方面对植物生长调节剂的应用比较普遍。

①防止采前落果 苹果的采前落果是造成直接经济损失的落果,此时果实已经接近成熟。因此,若管理不当造成大量落果则损失严重。尤其以元帅系品种为主。常施用萘乙酸、2,4-D 和 B_9 来加以解决。施用浓度及方法:采收前 25 天,叶面喷施30 毫克/升的 2,4-D 液;采收前 30 天和 15 天,各喷施一遍 2 000 毫克/升 B_9;采收前 40 天和 20 天各喷施一遍 20~40 毫克/升萘乙酸,对防止元帅系苹果的采前落果极有好处,生产中已大面积推广应用。

②增进果实的着色 对果实着色效果明显的植物生长调节剂主要有 B_9、乙烯利以及目前选配的叶面微肥。B_9 化学名为琥珀酸-2,2-2 甲酰肼。可以抑制新梢生长,促使枝梢加粗,增加向根系

运输的光合产物量,增加树体内 ABA 和乙烯含量,并降低赤霉素类物质的活性。由于 B₉ 在土壤中易被固定,所以以叶面喷施为主。一般使用浓度为 2 000 毫克/升,间隔 10 天,共喷施 2~3 次,能增加果实硬度,促进着色。如盛花后 3~4 周和采收前 6~8 周,各喷布一次 0.1%~0.2% B₉,对富士具有显著增色作用。B₉ 与其他激素的配合施用效果更佳,如元帅系苹果在盛花期喷布普洛马林的基础上,盛花后 3 周和 5 周,再各喷布一次 0.3% B₉,能显著地增进红星果实着色,双红果率增加到 47.2%,单红果率增加到 14.8%,果肉硬度增加 1.135 千克/厘米²,普洛马林与 B₉ 混合施用,可以获得果形高桩、着色艳丽、果肉硬度高的果实。

乙烯利也是一种易得、有效的植物生长调节剂,在苹果上已有多年的应用,如在果实成熟前 1~4 周内,叶面喷布 0.025%~0.05%乙烯利,除具有催熟作用外,还有促进果实着色、增加含糖量(1%~2%)、减少酸量、增进风味的作用。

8. 苹果套袋应注意哪几个问题?

(1)套袋苹果树的选择 目前,苹果树主要采用小冠疏层形、自由纺锤形、改良纺锤形等丰产树形,套袋苹果园更应加强树体的管理,要求骨干枝分布合理,通风透光,其主要指标是:覆盖率达 75%;每 667 平方米枝量以 10 万~12 万条为宜,即冬剪后每 667 平方米枝量 7 万~9 万条;中、短枝 90%左右;每 667 平方米花芽留量 1.2 万~1.5 万个;冬剪后花芽与叶芽比为 1∶3~4;成龄树外围新梢长度 35 厘米左右,幼龄树外围新梢长度 50 厘米左右。即在自然条件下,树冠外围果着色面积能达到 50%,内膛果能达到 30%左右的红富士树,套袋后能生产出着色良好的果实;长势中庸偏弱的树,在无袋栽培条件下果实着色良好,但套袋后反而着色不良,且易发生日烧病,其原因是树体及果实的营养水平低,套袋果含糖量又低于不套袋果;生长过旺的树,果实因贪长,延迟了成熟期而着色差。

(2)纸袋种类的选择 目前可供选择的种类很多,促进着色的纸袋主要用于元帅系和富士系品种,防锈纸袋用于金帅品种。一般外灰内黑、内袋红色的双层袋对防治病害、促进着色效果较好,如小林袋;外灰内黑、内袋黑色的双层袋和外灰内黑单层袋在试验过程中也表现出一定的防病及促进着色作用。若生产上应用的纸质低劣的仿制纸袋,不仅不能防病,而且会引起某些喜欢阴暗的害虫入袋为害,以及日烧、水锈等危害。

果实袋的标准要求,由国家法定机构认定的、具一定耐候性及适宜透光光谱、且能防治果实病虫害的苹果防护袋。果实袋质量取决于用纸,商品纸袋的用纸应具有强度大、风吹雨淋不变形、不破碎等特点,其次具有较强的透隙度;具有通气、通水孔,保证袋内水气畅通;第三,外侧颜色浅、反射光照较强的果实袋袋内湿度小,温度不致过高或升温过快;第四,为有效增强果袋的抗雨水冲刷能力,采用防水胶处理,果袋还应涂布杀虫、杀菌剂以防入袋害虫及病菌的危害。

不同苹果品种应选用不同类型的纸袋,如易上色的元帅系、新乔纳金等和以防果锈为目的的金帅品种,宜选用质量好的单层袋;较难上色的富士系、乔纳金等宜选用优质双层袋。同时,由于我国各地气候条件不同、应用目的不同,应选用不同类型的纸袋。

(3)配套技术是否规范 苹果套袋是一项非常严谨的应用技术,与生产高档果品的各个技术环节有紧密的联系。因此,生产中应当与套袋前和套袋后管理技术配套应用。在苹果套袋生产中,不少果农还存在配套技术不规范的问题。

(4)病虫危害 苹果套袋后,果实处于一个特殊的微域环境,这就产生了特殊的病虫害防治技术。如苦痘病、锈果病、黑点、水锈和日烧病;霜害、果面污染、划伤;主要果实害虫,如象甲类害虫和康氏粉蚧等。影响了套袋效果,应严加预防和防治。

9. 如何解决含糖量降低问题?

苹果套袋后,果实可溶性固形物含量下降 1 个百分点左右,这是由于果实长期在遮光袋内生长所造成的风味下降。

(1)秋施基肥,增施磷、钾肥 果树施入充足的有机肥,减少氮肥的施用量,可减轻套袋果含糖量降低,是提高苹果质量的关键。增施有机肥,一般盛果期苹果园,在每 667 平方米施 4 000 千克左右优质有机肥的基础上,及时抓好发芽前、幼果期及果实迅速生长期的土壤追肥,尤其要注意含钾、钙、锌和硼等元素肥料的适时适量施用,防止养分损失和产生拮抗作用。施肥标准应根据肥料的有效成分,折算施肥量,按每 667 平方米产 2 500 千克以上的苹果园,有机肥的施用量,一般要达到"斤果斤肥"的标准,也即每生产100 千克苹果需施氮肥(N)1 千克,磷肥(P_2O_5)0.5 千克,钾肥(K_2O)1.2 千克。

基肥的施用量占全年施用量的 60%～70%,是套袋苹果树最重要的营养来源,基肥以有机肥为主,需经过一定时间的腐熟分解。秋季气温稍高,施肥时切伤的根系容易恢复,易增加部分树体营养,翌年春根系能很好地吸收利用。一般中熟品种如元帅系、金帅等采收后即可施有机肥,晚熟品种如红富士等宜在秋末、封冻前施完。在秋施基肥的同时,多施入磷肥、钾肥和钙镁肥等,以确保套袋果内在品质的提高。据王少敏试验表明,在长富 2 号上,每株地下施不同量复合肥(N∶P_2O_5∶K_2O=12∶12∶17),对果实可溶性固形物含量具有不同影响。多量(804 克)和中量(644 克+微肥)两个处理的套袋果与未套袋果可溶性固形物含量差异不显著,而低量(480 克)差异较显著,其次为中量不加微肥。

(2)叶面喷布微肥 据试验,叶面喷布微肥可提高叶片光合作用和叶片营养,减轻了含糖量的降低程度。如在 6 月下旬、采收前40 天和 20 天喷布三次 500×10^{-6}～1000×10^{-6}稀土,能够明显提高套袋果含糖量。此外还有增糖增色剂、膨大着色药肥等,也有一定效果。据王少敏研究,苹果膨大着色药肥和稀土分别喷布 2～3 遍,可增加果实的含糖量。

(3)适宜采收 套袋苹果延迟采收,也可提高果实的含糖量。据研究,套袋新红星在 9 月 5 日采收时,套袋果比对照含糖量低 0.94 个百分点,而 9 月 10 日采收时与对照果实含糖量接近,9 月 15 日采收套袋果含糖量稍高于未套袋果。

(4)改善光照条件 要提高果品质量,必须改变果园的光照条件。对密植园,通过间伐或疏剪增大果园整体透光度;对枝量过大、结构复杂的树开心落头,疏去过大过多的辅养枝、裙枝、外围直立枝,改善树冠内的通风透光条件;拉枝开角,以保持树体通风透光和养分的合理利用。

(5)合理负载 苹果进行疏果,合理负载,能保证果品的质量。疏果时,要疏去背上果、梢头果、无果台副梢果、小果及畸形果,选留斜下生的、下垂的、有果台副梢的果,并要留一部分空果台,使果间距保持 20～25 厘米。壮树、壮枝适当多留,弱树、弱枝少留,每 667 平方米留果以 1 万～1.2 万个为宜。高的负载量主要导致果实可溶性固形物和可溶性总糖含量的降低,高负载量使果实的单果重降低,口感变差,硬度降低。生产中低的负载量又会使产量降低,影响经济效益。因此,合理的负载量对苹果生产至关重要。

九、果园生草技术

1. 苹果园为什么进行果园生草？

果园生草技术是在果园内种植植物，与果园秸秆覆盖有着相似的作用，果园实行生草制是发展节水农业、自给式解决肥源、提高劳动效率和改善果园生态环境的最有效的技术措施之一。

(1)避免连年深翻　生草的果园不需要深翻，同时由于不深翻，土壤的团粒结构才不会被破坏，而果园深翻，不仅费力，同时还对果树根系有破坏作用。

(2)坡地种草可避免水土流失　坡地果园在降水时会发生地表径流，种草以后，既可截留大地降水，又能保持水土，防止产生水土流失而造成土壤贫瘠。

(3)避免土壤板结　结果园生草后，降水时，水分能渗下去，而蒸发量少，因此，可保持土壤长期湿润，由于浇水次数减少，则土壤通气性良好。

(4)可充分利用地力和光能　由于果园清耕时，行间土地裸露，光能白白地浪费掉，生草后，草的枝叶可行光合作用，其有机体最终归还土壤。另外，果树的根系大多在 25～30 厘米深的土层以下，而表层土壤养分会被浅根性的草所吸收利用，最终归还给土壤、以营养果树。

(5)增加土壤有机质含量，改善土壤理化性质　据调查资料显示，生草果园在第一至第二年，土壤有机质增加不明显，从第三年开始，土壤有机质显著提高，这对增加产量和改善果实品质有重要作用。发达国家的果园都实行生草栽培。

(6)可减少部分病虫危害　1998 年 7 月，陕西地区阴雨连续 1

周,造成梨黑星病大发生时,果园杂草多的地块黑星病发生轻微。可能是夜间温度下降时,湿空气遇冷凝固的水珠都集中在草上,而不落在树叶上的缘故,湿度是诱发黑星病发生的重要因素,同时由于生草,一部分害虫集中在草丛中,而不上树为害。

(7)调节生态环境,改善果园小气候 据测定,生草的果园,在夏秋季其园内温度比不生草果园温度低5℃～8℃,这样可避免果实因高温引起的日烧,同时,生草果园果实后期着色快而明显。

(8)提高果实品质 草对一些矿质营养的吸收能力强于果树,可以把土壤中钙、铁、锌和磷等吸收转化成为果树容易吸收的状态,从而改善果树的营养状况。生草果园一般不易发生缺铁的黄叶病、缺锌的小叶病,果实品质也较好。

另外,果园实行生草制,还能提高果园作业的机械水平,提高机械效率。欧、美、日等国家的果园普遍实行生草制,他们做这种选择的首要理由是生草制便于果园机械化。特别是黏土地果园,没有生草条件就很难在降雨或灌溉之后及时地实施机械作业,使作业效率也很低。

2. 目前果园生草的种类主要有哪些?

草种应选择豆科作物,如草木樨、田菁、毛叶苕子、沙打旺、豌豆、绿豆等。

表5 主要绿肥植物鲜草养分含量

绿肥种类	养分含量			每吨鲜草相当化肥量(千克)		
	N	P_2O_5	K_2O	硫酸铵	过磷酸钙	硫酸钾
毛叶苕子	0.56	0.13	0.43	14.0	3.6	4.3
苜蓿	0.56	0.18	0.31	14.0	5.0	3.6
紫穗槐	1.32	0.30	0.79	33.0	8.5	7.5
田菁	0.52	0.07	0.15	13.0	2.0	1.5
柽麻	0.44	0.15	0.30	11.0	4.1	3.0
草木樨	0.52	0.04	0.19	13.0	1.1	2.0

3. 果园生草的方法有哪些?

果园生草有全园生草(树盘除外)和行间生草两种方式。一般在肥水供应较充足的成龄树果园,采用全园生草;在肥水供应条件差或幼龄果园,采用行间生草。草种最佳播种时期是春秋季,春播在3月下旬至4月、气温稳定在15℃以上时播种。秋季播种一般从8月中旬开始直至9月中旬。播种前,在果树行间翻地深20~25厘米,将地整平,使土壤湿润。可采用撒播或条播。条播地行间留20厘米,依果树行间距大小刨1~2条浅沟,深约2厘米,浇足底水并均匀撒播种子后覆盖浅土,然后覆盖地膜,7~10天即可出苗。一般草种在幼苗期弱小,与杂草竞争力差,抵御不良气候能力弱,在苗期要及时清除杂草,干旱时要及时施肥和浇水。

4. 生草果园如何进行管理?

豆科作物喜磷,生草后应加大果园的磷肥施用量,达到"以磷增氮"的目的。翻压绿肥时应在绿肥养分含量最高的初花期至盛花期进行。过早鲜草产量低,过晚则植株老熟,不易腐烂分解。果园生草后的浇水应改大水浸灌为行间灌溉。因此,播种前,应注意在果树行间挖宽0.5~1米、深20厘米的浅沟,以利成坪后灌水,消除因种草而形成的果园内水流慢,用水量大的缺点。

当草层高达30~40厘米时,在距地面10厘米左右刈割,刈割是生草后调节草与果树肥水矛盾的有效手段。根据草种和生长速度,全年刈割3~6次,割下的草可覆盖树盘或就地粉碎覆盖地面。果园生草后每隔2~3年,结合果园施肥,将树盘外围草坪深翻宽30厘米,有条件的果园播后灌水,有利于草坪恢复。此项工作最好在雨季进行。生草5~7年后,草已老化,应及时耕翻,把草层翻入地下,休闲1~2年,重新播种生草。

果园生草应注意控制杂草。种草当年,要加强管理,保证出苗整齐,及时清除杂草,使所种草尽快覆盖地面。果园生草后,果树与草存在争夺肥水的问题。可选择浅根性的豆科和禾本科草,并在草旺长期进行适当补水补肥,当旱季来临时,及时割草覆盖,减少蒸腾损失。

果园生草第二年,要严格控制草的高度,定期刈割覆盖,每隔2年左右进行草坪局部更新,5年左右全园更新深翻,这样可基本解决土壤通透性问题。

果园生草须注意果园病虫害。果园生草为害虫提供食料和掩蔽场所,有时会加重病虫害发生,如生草果园的果树腐烂病发病率高。而腐烂病发病率与树盘下草高呈正比。因此,要及时刈割高草,使草高保持在40厘米以下,但果园生草也有利于孳生和保护天敌,在一定程度上也可减轻病虫害发生。因此,果园生草对防治果园病虫害有利有弊。

十、采收与贮藏

1. 苹果适宜采收时期应如何确定?

苹果果实采收期是否适宜,将影响果品的产量、品质和耐贮性及运输损耗。苹果果实充分发育、形态上达到本品种应有特征时,根据运输、贮藏和消费市场要求进行适期采收。适期采收是提高果品质量的重要环节之一。过早采收,果实达不到品种应有的标准;采收过晚,果实过熟发绵,不耐贮藏运输。因此,适宜采收期也是实现苹果丰产、优质不可忽视的重要一环。确定适宜采收期方法有如下几种。

(1)根据果实的成熟度确定 一般认为适期采收的成熟度为:果个充分长成,果实底色由绿色转为黄绿色,果面呈现该品种特有的颜色,果肉坚密不软,具有一定风味,种子变褐,果梗离层产生,采摘容易。

(2)根据果实的生长期确定 同果区同一品种从盛大花期至成熟期果实生长发育的天数是相对稳定的。据研究,中熟品种如新红星的成熟期为盛花后 140～150 天;首红为盛花后 133～143 天;晚熟品种红富士为盛花后 170～180 天。

(3)根据果实的用途确定 一般采后直接销售或短期贮藏的果实,宜在食用成熟时采收;作为长期贮藏运输的果实,宜在接近成熟时采收。气调贮藏的果实较冷藏果实采收略早,冷藏果实较普通贮藏略早。

(4)根据果肉硬度确定 红星苹果适宜采收硬度为 27.7～8.2 千克/厘米· 果实采收时的硬度与贮藏期限成正相关,如红星苹果在硬度为 7.7 千克/厘米^时采收可贮放 5 个月,在 6.8 千克/

厘米时可贮放 3 个月,在 5.9 千克/厘米^时则只能贮放 1 个月。

作为贮藏果品,果个长足,进入初熟期,元帅系果肉硬度为 7.5 千克/厘米^2,富士系为 8.5 千克/厘米^2 以上时采收;作为直接销售果品,果个长足,果实基本成熟但不过熟时采收。采后直接销售果品可比贮藏果品晚采 1 周左右。一般情况下,中熟品种果实发育期为 140~145 天,晚熟品种 170~180 天采收为宜,而日本红富士苹果的适宜采收期,在盛花后 175~190 天(表 6)。

表 6　富士不同采收期的果实品质　(长野果试,1987)

盛花天数 (天)	单果重 (克)	果肉硬度 (千克/厘米^2)	含糖量 (%)	着色指数	地色指数	水芯程度	食味指数
155	280	7.17	13.1	1.5	1.6	1.2	1.9
165	294	6.81	14.1	2.3	2.5	1.9	2.9
175	311	6.58	14.9	3.1	3.3	2.8	4.0
185	325	6.36	15.3	3.7	3.7	3.5	4.5
195	332	6.27	15.6	4.1	3.9	3.9	4.7

注:1974~1984 年平均

2. 怎样提高苹果采收质量?

为了顺利地进行采收,应提前做好各项工作。全面调查,以便较准确估产和判断果实质量,为采收提供依据;计划采果劳力;制作好采果用的工具,如采果袋或采果篓、凳或采果梯、塑料周转箱等。采果要保证果实完整无损,特别是套袋苹果果皮嫩,采摘时更应注意。同时要防止折断果枝,以保证翌年丰产丰收。

采收人员必须剪短指甲或戴上手套,树下应铺一塑料薄膜;采收为人工手采,严禁粗放采摘,并防止拉掉果柄;采收时应先下后上,先外后内进行,且多用梯凳,避免脚踩踏枝干碰落芽叶,以保护枝组;手掌将果实向上轻轻托起或用拇指轻压果柄离层,使其脱离;采下果实后,将过长果柄剪除一部分,避免刺伤果实,再用网套包裹果实,以避免挤压伤;盛放果实的篮子或果筐等内侧用棉质布或帆布等柔软物内衬。采收袋用帆布制成,上端有背带,下端易开口,果实采满袋后打开下部袋口,集中放入田间包装箱;田间包装容器根据流通途径不同,可分别选用纸箱、散装箱、小木箱或塑料周转箱等。

3. 分期采收对提高果实质量和产量有什么作用?

有些苹果品种果实的成熟期常常不一致,为了提高果实品质,可以根据果实的成熟度,分期选采成熟度合适的果实。如套袋红星苹果分期采收有利于增进树冠内膛果实着色,也有利于增加果实的单果重和提高果实可溶性固形物含量。近几年来,我国主要苹果产区,对套袋红富士苹果习惯分 2~3 批采收,只要达到较佳色泽就采。分期采收要注意,特别是第一、第二批采收时,要避免采收操作碰落果实,尽量减少损失。

4. 苹果贮藏一般有哪些方法?

(1)冷藏 冷藏设施通常称为冷藏库,也叫机械冷库、恒温库、冷风库、保鲜库或冷库。机械制冷装置是把库内的热量转向库外,使库内维持相对低温。冷库的库体,应具备良好的隔热、防潮性能,能使苹果获得最适宜的贮藏温度和湿度,适合任何苹果品种的长期贮藏保鲜。

苹果的冷藏库,根据容量大小可分为大、中、小型冷藏库和超小型或微型冷藏库,如产地习惯上把 1 000 吨以上的冷藏库称为大型冷库,500 吨以上的冷藏库称中型冷库,10 吨以上的冷库称小型冷库,10 吨以下的冷藏库称超小型或微型冷库。

冷库在管理上,主要是温度控制,一要尽量降低温度至接近苹果的最适贮藏温度,二要保持温度的相对稳定。苹果大部分品种的适宜贮藏温度一般在 $-1℃\sim2℃$。

苹果冷藏库的湿度一般不能满足苹果保鲜的要求。目前多采用在冷库中使用保鲜包装袋的方法。保鲜袋是用塑料薄膜制成的，一方面起保湿作用，一方面有气调效果，如效果比较好的 PVC 专用苹果保鲜袋。红星、金冠苹果采用 0.05～0.07 毫米厚的 PVC 专用保鲜袋，富士苹果则采用硅窗袋和采用厚 0.05 毫米以下的 PVC 专用保鲜袋。

(2)气调贮藏　苹果的气调贮藏是在控制环境温度的基础上，进一步控制贮藏环境中的氧和二氧化碳的含量，以控制苹果的生命过程和抑制病虫害发生。气调贮藏就是使贮藏环境中的氧，比大气中的氧要相对降低，通常的指标为 2%～5%，二氧化碳的含量为 1%～5% 或更高一些，品种不同，采用的指标有所差异。

气调库的库体，要有严格的密封措施，制冷设备中的蒸发器蒸发面积也相对大一些，一般要增设加湿系统。气调设备主要有制氮机和二氧化碳脱除机。制氮机是把空气中的氮富集起来，把氧除去。现在广泛采用的是分子筛制氮机，近年来膜分离制氮机也有应用。二氧化碳脱除设备，现多采用活性炭类二氧化碳脱除机。有些制氮机具有制氮和脱二氧化碳、脱乙烯的多种功能。

(3)简易贮藏　堆藏：苹果堆积于地面高燥的地方。前期，白天覆盖防晒的隔热材料，晚上敞开降温。后期，气温下降后要注意覆盖防冻。

①沟藏　在背阴处，挖砌宽 0.8～1.2 米、深 1～1.5 米的地沟，做一马鞍形或平板形的保温盖板，白天盖盖，夜间开盖降温。沟内苹果采用塑料小包装贮藏。

②地面保温槽贮藏　在背阴处，用厚 10 厘米的聚苯乙烯泡沫板装配一个宽 1 米、高 1 米、长度不限的地上保温槽，槽口南壁比北壁高 15 厘米左右，盖一保温盖板。白天盖盖，晚上开盖降温，槽内苹果用塑料小包装方式保鲜。保鲜效果好于一般的地沟贮藏。

③窖藏　一般利用地下窖，如棚窖、井窖、通风窖等，保温效果

好,温度稳定。但前期温度高,不容易下降。

④窑洞、地下室和防空洞贮藏　窑洞,以黄土高原的土窑洞为代表,在自然冷源丰富的西北地区,利用土窑洞加塑料包装新鲜苹果,其效果可与山东地区的冷藏苹果相当。土窑洞的形式多种多样,其条件是入贮果时,要低于10℃的自然低温,入贮果后能及时通风降温。土窑洞的通风降温早期以设置出气口自然通风为主,现多采用通风机通风降温。地下室和防空洞,也可以按土窑洞的方式改造成苹果保鲜库,其通风降温效果好,蓄冷能力较土窑洞差。

⑤通风库　通风库是具有一定隔热保温结构的通风贮藏库,它主要利用冬季夜间低温通过通风,使库内维持相对低的低温环境,这种方式,在20世纪70~80年代贮藏保鲜业的发展中发挥了很大作用。山东地区以半地下贮藏为主,辽宁地区则以地下方式贮藏为主。这种通风库通过科学改造,在辽宁地区仍然发挥着苹果保鲜的主体作用。寒冷地区通风库的管理要点是冬季保温保湿,勿使温度过低。

十一、病虫害防治

1. 怎样做好苹果园病虫害的生物防治?

生物防治是在农业生态系统中,利用天敌、昆虫激素、病原微生物及其代谢产物来控制病虫害,通过生物种间的相互克制、相互依存的关系以及调节寄主植物的微生物环境,使其利于寄主植物的生长而不利于病原物的生存,人为地改变或创造条件,达到控制病虫害发生的目的。生物防治具有不污染环境、对人畜安全、无残留等特点,是生产无公害果品必须采取的措施。

苹果园病虫害生物防治具体措施:

(1)采用农业栽培措施保护利用天敌 如在果园及其周边种植蜜源植物招引天敌,行间种植牧草(紫花苜蓿、白三叶等)保护和繁殖天敌,保护果园周边的麦田天敌、充分利用麦收时转移的天敌来控制果树上的蚜虫、叶螨等害虫。

(2)引进或移植害虫天敌 引进或移植天敌是害虫生物防治的一项重要内容,一旦成功将会收到长期的防治效果。我国地域辽阔,天敌资源丰富,在不同地区进行天敌移植亦有较好的效果。

(3)人工繁殖释放天敌及病原微生物 在果园人工释放松毛虫赤眼蜂,可有效防治棉褐带卷蛾、梨小食心虫;释放胡瓜钝绥螨可有效防治叶螨;地面喷洒白僵菌和利用昆虫病原线虫可有效防治桃蛀果蛾。

(4)利用昆虫性外激素诱捕害虫 在果园悬挂桃蛀果蛾、金纹细蛾、梨小食心虫、棉褐带卷蛾、梨大食心虫、桃潜蛾等性诱剂(诱芯),可有效捕杀雄蛾,使雌蛾产卵为未受精卵,不能孵化而减少为害。

(5)喷洒生物制剂和矿物制剂 适合果园使用的生物制剂很多,如植物源杀虫剂苦参碱、印楝素、绿帝、银泰和烟碱等;昆虫生长调节剂灭幼脲、氟铃脲和扑虱灵等;农抗类杀虫剂阿维菌素、浏阳霉素、华光霉素、多杀霉素;农抗类杀菌剂多氧霉素(宝丽安)、中生霉素(克菌康)、农抗120(双抗)、阿密西达、农用链霉素等。矿物源制剂有敌死虫乳油、机油乳剂、波尔多液和硫悬浮剂、石硫合剂等。

2. 如何对苹果园天敌进行有效保护?

果园天敌资源极为丰富,保护利用天敌,要创造适宜天敌生存和繁衍的条件,增加自然界天敌种群数量,提高天敌对害虫种群密度的制约力。保护利用天敌措施的制定,要明确本地果园害虫和天敌的主要种类及其生物学特性,摸清主要天敌的错综复杂的关系,探明化学农药及农事操作对天敌的影响。

(1)改善果园生态环境 生物多样性是促进天敌丰富度的基础,在果园周围种植防护林,园内栽培蜜源植物,果树行间种植牧草(紫花苜蓿、白三叶等)或间作油菜、花生等矮秆作物,可为天敌提供良好的栖息、繁衍、越冬场所,增殖效应明显。

(2)配合农业措施直接保护害虫天敌 冬季或早春刮树皮是防治山楂叶螨、二斑叶螨、梨小食心虫、卷叶蛾等害虫的有效措施,但是害虫天敌六点蓟马、小花蝽、捕食螨、食螨瓢虫以及多种寄生蜂均在树皮裂缝或树穴等处越冬,为消灭害虫又保护天敌,可采用上刮下不刮的办法,或改冬天刮为春季果树开花前刮。如刮治时间较早,可将刮下来的树皮放在粗纱网内,待天敌出蛰后再将树皮烧掉。为了保护果园蜘蛛、小花蝽、食螨瓢虫等天敌,可采用树干基部捆草把或种植越冬作物,园内堆草或挖坑堆草等,人为创造越冬场所供其栖息,以利于天敌安全越冬。

另外,对摘下或剪下的虫果、虫枝、虫叶亦可收集放于大纱网笼内,因为虫果内的桃蛀果蛾幼虫常有桃小甲腹茧蜂寄生,梨大食心虫果内幼虫和蛹常有多种寄生蜂寄生,梨小食心虫、卷叶蛾为害的虫梢,金纹细蛾等潜叶害虫的虫叶中均有多种寄生性天敌,对这些天敌应加以保护利用。

(3)选用生物制剂防治苹果病虫害

(4)科学合理地使用化学制剂 应用化学制剂进行苹果病虫害防治时,要注意选用选择性杀虫剂,在有效杀灭果树害虫的同时,还能够有效保护天敌。

3. 苹果园中捕食性昆虫天敌主要有哪些?其控害作用有哪些?

(1)瓢虫 瓢虫的种类多达4 000多种,其中80%以上是肉食性的,是果园中主要的捕食性天敌。瓢虫以成虫和幼虫捕食各种蚜虫、叶螨、介壳虫以及低龄鳞翅目幼虫、梨木虱等。

①以捕食蚜虫为主的瓢虫 以捕食蚜虫为主的瓢虫种类较多,如龟纹瓢虫、异色瓢虫、多异瓢虫、七星瓢虫、黑背小毛瓢虫、六斑显盾瓢虫等,其中前4种较为常见。不同种的瓢虫对环境条件要求有一定的差异,七星瓢虫喜阴凉,龟纹瓢虫则耐高温,而异色瓢虫喜在树木或高秆作物上活动,因而果园内数量较多。龟纹瓢虫每日捕食蚜虫数量:成虫27~100头,一龄幼虫5~6头,二龄幼虫13~17头,三龄幼虫21~39头,四幼虫龄45~65头。异色瓢虫每日捕食蚜虫数量:成虫100~200头,幼虫:一龄幼虫10~30头,二龄幼虫30~50头,三龄幼虫50~150头,四龄幼虫100~200头。七星瓢虫每日捕食绣线菊蚜数量:成虫1 658头,幼虫:一龄幼虫40头,二龄幼虫87头,三龄幼虫608头,四龄幼虫713头,一生可捕食3 000余头蚜虫。多异瓢虫每日捕食蚜虫数量:成虫为92.4头,幼虫为:一龄幼虫14.2头,二龄幼虫32.9头,三龄幼虫48.8头,四龄幼虫79.5头。

②以捕食叶螨为主的瓢虫 以捕食叶螨为主的瓢虫主要有深点食螨瓢虫、黑襟毛瓢虫、连斑毛瓢虫等,以深点食螨瓢虫最为常见。深点食螨瓢虫成虫每日可捕食成螨 36～93 头,若螨 137～169 头,幼虫平均每日捕食 25 粒(头),四龄幼虫日捕食量最大,达43 粒(头)。1 头幼虫可捕食成、若螨 136 头,成虫一生可捕食 600余头冬虫态叶螨。

③以捕食介壳虫为主的瓢虫 在北方果区主要有黑缘红瓢虫、红点唇瓢虫、红环瓢虫、中华显盾瓢虫和蒙古光瓢虫等,其捕食寄主为朝鲜球蚧、草履蚧、吹绵蚧、梨圆蚧、桑盾蚧和东方盔蚧等。我国南方还有大红瓢虫以及引进的澳洲瓢虫,主要捕食柑橘上的一些介壳虫。黑缘红瓢虫日捕食量:一龄幼虫捕食球坚蚧若虫1～2 头,二龄幼虫捕食 2.6 头,三龄幼虫捕食雌成虫 5.3 头,四龄幼虫捕食雌成虫 6.8 头,成虫捕食球坚蜡蚧雌成虫 14～17 头,1 头瓢虫一生可捕食 2 000 余头介壳虫。红点唇瓢虫三至四龄幼虫平均每日取食梨圆蚧成虫 114 头,幼虫一生可捕食梨圆蚧成虫 1 000余头。红环瓢虫 1 头成虫一生可捕食草履蚧 132～213 头,1 头幼虫一生可捕食草履蚧 50～88 头。

④以捕食白粉菌为主的瓢虫 捕食白粉菌的瓢虫主要有白条菌瓢虫、梵文菌瓢虫、素鞘瓢虫、十二斑菌瓢虫等,该类瓢虫主要以果树白粉病所产生的白粉菌分生孢子为食科,对白粉病的发生和流行有一定的控制作用。

(2)草蛉 草蛉的种类很多,目前世界上已知的有 1 300 多种,在我国常见的有大草蛉、丽草蛉、中华草蛉、叶色草蛉、普通草蛉等 10 余种。草蛉能捕食蚜虫、叶螨、叶蝉、蓟马、介壳虫以及鳞翅目害虫的低龄幼虫和多种卵为重要捕食性天敌。中华草蛉一至三龄幼虫平均每日可捕食山楂叶螨若螨 300.1 头、438.8 头和718.9 头。大草蛉每头幼虫一生可捕食各类蚜虫 600～700 头,成虫捕食 500 余头,成、幼虫一生可捕食蚜虫 1 000 余头。丽草蛉成、幼虫主要取食蚜虫、叶螨及鳞翅目昆虫的卵和初孵幼虫，取食量和大草蛉相似。

(3)**食虫椿象** 食虫椿象种类很多，我国已知的有2 000余种，如花椿科的东亚小花椿、小花椿，姬猎椿科的华姬猎椿、小姬猎椿，猎椿科的白带猎椿、褐猎椿，盲椿科的黑食蚜盲椿等。食虫椿象主要捕食蚜虫、叶螨、叶蝉、木虱、蚧类以及鳞翅目害虫的卵和低龄幼虫等。1头小花椿成虫每日可捕食叶螨20头，卵2～3粒，蚜虫26.8头，1头小花椿若虫每日可捕食叶螨44头，1头小花椿一生可捕食叶螨2 000头以上。

(4)**食蚜蝇** 食蚜蝇的种类很多，主要有黑带食蚜蝇、斜斑鼓额食蚜蝇、月斑鼓额食蚜蝇、梯斑黑食蚜蝇、六斑食蚜蝇、四条小食蚜蝇、细腹食蚜蝇、短翅细腹食蚜蝇、大灰食蚜蝇、凹带食蚜蝇和狭带食蚜蝇等。食蚜蝇以捕食果树蚜虫为主，亦能捕食叶蝉、介壳虫、蓟马、蛾蝶类害虫的卵和初龄幼虫，是果树害虫的重要天敌。1头黑带食蚜蝇幼虫每天可取食蚜虫120头左右，整个幼虫期可捕食840～1 500头蚜虫。

(5)**螳螂** 我国螳螂的种类约有50多种，常见的有中华螳螂、广腹螳螂和薄翅螳螂等。螳螂是多种害虫的天敌，具有分布广、捕食期长、食虫范围广、繁殖力强等特点。螳螂的食性很杂，可捕食蚜虫类、蛾蝶类、甲虫类、蟓类等60多种害虫。螳螂的捕食量很大，三龄若虫每头可捕食蚜虫198头，捕食一至二龄棉铃虫幼虫110头，捕食四龄棉铃虫17头。八龄螳螂食量更大，全龄期可捕食三龄棉铃虫380头，老龄棉铃虫180头。

(6)**塔六点蓟马** 该虫是捕食叶螨的重要天敌，其食量虽不大，但数量多，繁殖快，对叶螨控制作用显著。

(7)**日本方头甲** 该虫是捕食介壳虫的重要天敌，对桑盾蚧等害虫有重要控制作用。幼虫每日可捕食桑盾蚧若虫或卵12～86头(粒)，平均36头(粒)。一头雌虫每日可捕食桑盾蚧雌虫1～6

头,成虫期可捕食 100～200 余头,自然捕食率常达 29％左右。

(8)食虫虻 该虫是一种体型较大的捕食性昆虫,常见的有大食虫虻、虎斑食虫虻和白头小食虫虻等,可捕捉各种空中飞行的害虫,亦可静守等待害虫到来后捕食。成虫产卵于植物叶片上,幼虫孵化后潜居于土壤或朽木中,可捕食蛴螬等地下害虫。

4. 捕食螨和蜘蛛的控害作用有哪些?

(1)捕食螨 捕食螨又叫肉食螨。我国已发现有利用价值的捕食螨有东方钝绥螨、拟长毛钝绥螨等 16 种。植绥螨不仅捕食果树上常见的苹果全爪螨、山楂叶螨、二斑叶螨等叶螨、瘿螨,还能捕食一些蚜虫、介壳虫等小型害虫。一般 1 头植绥螨雌螨一生可捕食 100～200 头害螨,雄螨捕食不足 100 头。每头细毛长须螨幼螨平均可捕食苹果全爪螨 3.7 头,若螨捕食 12.6 头,成螨捕食 151 粒,最多达 352 头。

(2)蜘蛛 我国蜘蛛估计有 3 000 余种,现已定名的有 1 500 余种,其中 80％左右生活在果园、茶园、农田及森林中,是害虫的主要天敌,农田蜘蛛不仅种类多,而且种群数量大,是抑制害虫种群的重要天敌类群。蜘蛛群落复杂,捕食方式多种多样,可以控制不同习性的害虫。例如,果园内穴居型蜘蛛在地面土壤间隙做穴结网,可捕食地面害虫。还有不结网的游猎蜘蛛在地面游猎捕食地面害虫和地下害虫。结网蜘蛛中,有的结大网,这些蜘蛛可从不同方向捕食飞来的鳞翅目、直翅目、半翅目、鞘翅目等害虫的成虫;有的蜘蛛结小网,如卷叶蛛科、微蛛亚科、部分球腹蛛科的蜘蛛,它们将网结在叶片或枝条之间,以小网捕食同翅目、双翅目等害虫的成虫。蜘蛛在果园内布下天罗地网,并以多种方式捕食多类害虫,是害虫的重要天敌类群。

5. 食虫鸟类的控害作用有哪些?

鸟类是害虫天敌的一大类群。据统计,我国已知鸟类达 1 244 种,其中以昆虫为食的占 50%,有的鸟类如大山雀、大杜鹃、大斑啄木鸟、灰喜鹊、家燕、黄鹂等主要或全部以昆虫为食物。捕食害虫的种类主要有叶蝉、木虱、椿象、金龟甲、叶蜂和蛾类幼虫及蝗虫等,果园内的害虫都可被取食,对控制害虫种群作用很大,应加以有效保护。

6. 寄生蜂的控害作用有哪些?

(1)赤眼蜂　赤眼蜂是一种寄生在昆虫卵内的寄生蜂,能寄生 400 余种昆虫卵,尤其喜欢寄生鳞翅目昆虫卵,如果树上的棉褐带卷蛾、梨小食心虫、棉铃虫和刺蛾等,是果园中的一种重要天敌。赤眼蜂在果树上常见的种类主要是松毛虫赤眼蜂、螟黄赤眼蜂、舟蛾赤眼蜂和毒蛾赤眼蜂等,在苹果园中主要用于防治梨小卷叶蛾。它对卵块寄生率达 90% 以上,卵粒寄存率为 80%～90%,可以使梨小卷叶蛾对果实的为害率降至 2% 以下。若能坚持施放几年,完全可以免除对梨小卷叶蛾的喷药防治。

(2)黑卵蜂　黑卵蜂是一种卵寄生蜂,因成虫全体黑色故名黑卵蜂,其体型稍大于赤眼蜂。寄生果树害虫的主要有椿象黑卵蜂、天幕毛虫黑卵蜂、毒蛾黑卵蜂、松毛虫黑卵蜂等。

①椿象黑卵蜂　该蜂主要寄生椿象等害虫,每头雌蜂可寄生椿象卵 200 余粒,6～7 月份果园椿象最高寄生率可达 80% 以上。

②天幕毛虫黑卵蜂　该蜂主要寄生天幕毛虫等害虫,田间寄生率最高可达 90% 左右,对天幕毛虫控制力很强。

(3)苹果黄蚜茧蜂　主要寄生绣线菊蚜、苹果瘤蚜、桃蚜等。以 6 月份和 9 月份寄生率最高,有的年份可高达 80%～90%。

(4)茧蜂　茧蜂是天敌昆虫的重要类群,可寄生多种果树害虫的幼虫和蛹。茧蜂有体内寄生,也有体外寄生,均有结茧化蛹习性。

①桃小甲腹茧蜂 该蜂主要寄生桃蛀果蛾,以幼虫在桃蛀果蛾越冬幼虫体内越冬,当翌年5～6月份桃蛀果蛾越冬老龄幼虫出土结夏茧化蛹时,该蜂已将桃蛀果蛾幼虫食尽并在寄主茧内结白色薄茧化蛹。当桃蛀果蛾成虫羽化时,该蜂亦同时羽化,产卵于寄主卵内,寄主卵孵化为幼虫时,蜂卵亦同时孵化为幼蜂,并在寄主体内取食,寄主幼虫发育到四龄时,该蜂幼虫迅速取食发育,随着寄主幼虫老熟结茧,幼蜂亦随之结茧于寄主茧内。9～10月份随桃柱果蛾脱果幼虫入土结冬茧越冬。每头雌蜂产卵60～140余粒,在山地果园的自然寄生率可达25%左右,最高达50%。

②卷叶蛾甲腹茧蜂 该蜂主要寄生棉褐带卷蛾等。以低龄幼虫在寄主幼虫体内越冬,翌春寄主越冬幼虫出蛰直至发育到老熟结茧时,该蜂幼虫才迅速取食发育至老龄并钻出寄主体外,在卷叶内结白色薄茧化蛹。该蜂成虫产卵期与寄主产卵期相吻合,将卵产于寄主卵内,寄主幼虫老熟结茧时该蜂加快取食直至寄主死亡,钻出体外结茧,该蜂自然寄生率一般达20%～40%,最高可达80%以上。

③网皱茧腹茧蜂 该蜂主要寄生棉褐带卷蛾等害虫,以一龄幼虫在寄主越冬幼虫体内越冬。该蜂在寄主卵上产卵,待寄主卵孵化为幼虫后蜂卵开始孵化,并在寄主幼虫体内取食,寄主幼虫末龄时,寄生蜂迅速发育,食尽寄主组织仅留体壳,钻出后另结白茧。对棉褐带卷蛾自然寄生率达23.4%～54.5%。

④卷叶蛾黄长距茧蜂 该蜂主要寄生棉褐带卷蛾、苹褐卷叶蛾等害虫幼虫,该蜂多在寄主幼虫二至三龄期寄生,一头寄主幼虫上一般只产1粒卵,卵行多胚生殖,可孵化出数十个寄生蜂幼虫,在寄主幼虫体内取食,待寄主幼虫近老熟前,寄生蜂幼虫群体从寄主体内钻出,先结一大网,随后寄生蜂群体再做小茧化蛹。一头寄

主幼虫育蜂数随寄主大小而定,一般为 30～40 头,在苹果园对棉褐带卷蛾幼虫自然寄生率在 10%左右。

⑤食心虫白茧蜂 寄主较广,可寄生梨小食心虫、顶梢卷叶蛾等,该蜂属卵—幼虫跨期寄生,产卵于寄主卵内,在寄主幼虫体内孵化为幼蜂并取食发育,待寄主幼虫老熟时死亡,该蜂随之钻出体外结茧化蛹,结茧至化蛹 10 天左右。

(5) 姬 蜂

①桑磺聚瘤姬蜂 该蜂的寄主很广,可寄生棉褐带卷蛾、苹褐卷叶蛾、苹果大卷叶蛾等。成虫主要在寄主老龄幼虫的节间膜上产卵,每头寄主幼虫一般产卵 2～5 粒,多者达 26 粒,在果园自然寄生率可达 40%左右。

②刺蛾紫姬蜂 该虫主要寄生褐边绿刺蛾、桑褐刺蛾、扁刺蛾的茧。成虫将卵产在刺蛾茧内幼虫体内,幼虫孵化后取食寄主老熟幼虫,将寄主虫体食尽后,在寄主茧中做薄茧化蛹。1 头寄主茧内只产 1 粒卵。

③花斑马尾姬蜂 寄主为果树上的天牛、树蜂等。一般 1 头天牛幼虫寄生 1 头蜂。

④中国齿腿姬蜂 该蜂主要寄生桃蛀果蛾、梨小食心虫等害虫幼虫,成蜂产卵寄生在寄主低龄幼虫体内,幼虫自然寄生率可达 40%左右。

⑤舞毒蛾黑瘤姬蜂 该蜂寄主很广,可寄生卷叶蛾、桃蛀螟、舞毒蛾等多种害虫。1 头寄主上一般仅寄生 1 头蜂,有的年份自然寄生率最高达 80%以上。

(6) 跳 小 蜂

①金纹细蛾跳小蜂 该蜂是寄生金纹细蛾幼虫的重要天敌。成虫发生期和寄主相吻合,将卵产于寄主卵内,1 卵产 1 粒,当寄主幼虫近老熟时,该蜂卵胚胎开始细胞分裂,形成 6～15 个胚胎,并迅速取食发育,在寄主体腔内结茧化蛹,致寄主死亡。

②粉蚧长索跳小蜂　该蜂主要寄生康氏粉蚧,喜寄生二龄若虫,1头若虫只产卵寄生1头蜂,越冬代1头雌蜂及其后代可消灭1 000～2 000头康氏粉蚧。

③粉蚧短角跳小蜂　该蜂主要寄生康氏粉蚧、褐轮蚧等粉蚧。有的年份康氏粉蚧寄生率可达60%～70%。

(7)苹果棉蚜蚜小蜂　又名日光蜂,是寄生苹果棉蚜的一种重要天敌。成虫在苹果棉蚜腹部产卵寄生,1头蚜虫体内仅寄生1头蜂。被寄生的苹果棉蚜不活动,体上的蜡粉逐渐脱落,腹部变黑,逐渐死亡,其渗出的体液将虫尸粘在树干上。5～8月份自然寄生率逐步升高,5月份仅为4%～12%,6月份即达40%～60%,而到8月份寄生率常达60%～80%,最高可达90%以上,直到10月份寄生率下降到20%左右。

(8)姬　小　蜂

①金纹细蛾姬小蜂　该蜂主要寄生金纹细蛾等潜叶害虫,属幼虫体外寄生蜂。成虫活泼,行动迅速,雌虫将卵产在寄主有足期幼虫体壁上,少数产在蛹皮上。幼虫孵化后以口器吸附在寄主体上取食,直至吸干体液,在寄主残体外化蛹。大多为单寄生,个别亦有寄生2～3头的。有的年份金纹细蛾自然寄生率可达30%～50%,甚至高达80%以上。

②苹果潜叶蛾姬小蜂　该蜂主要寄生旋纹潜叶蛾。该虫为幼虫—蛹跨期寄生,在寄生幼虫体内产卵,但卵不发育,随寄主生长,待寄主化蛹后,寄生蜂孵化为幼虫,并迅速取食,待发育至老熟时钻出寄主体外化蛹,1头寄主可寄生5～6头蜂,有的年份自然寄生率可达40%以上。

③梨潜皮蛾姬小蜂　该蜂主要寄生旋纹潜叶蛾等,成虫产卵寄生在寄主幼虫体内,旋纹潜叶蛾每头幼虫仅寄生1头蜂,有的年份寄生率达40%以上。

④白蛾周氏啮小蜂　该蜂主要寄生美国白蛾、大袋蛾、杨扇舟

蛾、榆毒蛾的幼虫和蛹,尤其对美国白蛾控制作用很强,自然寄生率可高达 68.2%～83.2%。1 头美国白蛾寄生蛹可出蜂 145～278 头,最多 437 头。

⑤刺蛾广肩小蜂 该虫主要寄生黄刺蛾、绿刺蛾等,成虫在黄刺蛾幼虫体内产卵,1 头黄刺蛾产卵可寄生 21～60 头蜂。

⑥广大腿小蜂 该蜂寄主很广,主要寄生舞毒蛾、红腹灯蛾、棉褐带卷蛾等害虫,每年 4～5 月份成虫开始活动,寻找寄主幼虫产卵寄生。每头雌虫产卵 80～100 余粒,雌蜂产卵寄生在寄主幼虫体内,寄生蜂在寄主蛹内老熟化蛹,将寄主蛹咬一羽化孔爬出,每头寄主出蜂 1 头。

7. 寄生蝇的控害作用有哪些?

寄生蝇是果园害虫幼虫和蛹期的主要天敌,成虫产卵方式大多数是直接产卵,亦有部分产幼虫的(卵在母体内孵化为幼虫,称卵胎生)。

(1)卷叶蛾赛寄蝇 该虫主要寄生棉褐带卷蛾、梨小食心虫、梨大食心虫等害虫。雌蝇将卵产在寄主体节褶缝处表皮下,每头寄主幼虫上产卵 1～3 粒,多者可达 6～8 粒。

(2)双斑撒寄蝇 该虫主要寄生苹果梢鹰夜蛾等害虫。成虫在果树叶片或其他植物嫩叶上产卵,卵微小且坚硬,不能自然孵化。寄主幼虫取食含卵的叶片后,在寄主胃液的作用下才能孵化为幼虫,穿过消化道进入寄主体腔取食,待寄主老熟化蛹后才化蛹,致使寄主蛹死亡。

8. 无公害苹果园用药原则是什么?

全面贯彻"预防为主,综合防治"的植保方针。以农业防治和物理防治为基础,生物防治为核心,科学合理使用化学防治手段,并选择安全、高效、低毒、无污染的无公害农药,把病虫的危害始终控制在经济受害水平之下。

(1)加强病虫害的预测预报,做到有针对性地适时用药。

(2)优先选用生物制剂防治苹果病虫害。

(3)选择性使用化学制剂。在使用化学制剂时,要首先选用选择性杀虫剂,在有效杀灭果树害虫的同时,还能够有效保护天敌。在病虫害发生严重时要选用高效、低毒、低残留化学农药,最后一次施药距苹果采收期的间隔时间应在 20 天以上,使之对果品和环境的污染降到最低程度。

(4)严禁使用已公布并禁止使用的农药品种和未核准登记的农药品种。禁止使用剧毒、高毒、高残留农药(如甲拌磷、久效磷、对硫磷、甲胺磷、治螟磷、氧化乐果、磷胺、三氯杀螨醇、杀虫胖、拟除虫菊酯类杀虫剂、有机合成植物生长调节剂和各类除草剂等)。

(5)注意不同作用机制的农药交替使用和合理混用,以延缓病菌和害虫产生抗性,提高防治效果。

9. 苹果轮纹病发病特点是什么?如何进行有效防治?

(1)病害特征 果实多在接近成熟或贮藏期发病,初期以皮孔为中心出现水渍状近圆形褐色或黄褐色小斑点,稍凹陷,有的还会出现红晕,浅层果肉稍微变褐、湿腐。病斑扩大后多数呈同心轮纹圆斑,暗红褐色,不凹陷,病部有茶褐色黏液溢出。病斑扩展迅速,在适宜条件下,几天内可使全果腐烂,有酸臭味。烂果失水后,变为黑色僵果;后期从病斑中心表皮,逐渐散生出黑色小粒点。

(2)发病规律 苹果轮纹病是真菌引起的病害,病菌在枝干上越冬。菌丝可在病组织内存活 4～5 年,北方果区,每年 4～6 月份产生孢子,成为初次侵染源,分生孢子随雨水传播,从花后的幼果到采收前的成熟果,病菌均能侵入。幼果受害后不立即发病,潜育期长达 80～100 天,到接近成熟期或在贮藏期才出现症状。采收前是果实发病盛期,贮藏期受害也很严重。

轮纹病发生与温湿度和降水量有密切关系。当气温在 20℃以上,空气相对湿度在 75％以上,降水量达 10 毫米以上时,有利于分生孢子的散发,因而高温多雨或降雨早且频繁的年份,发病早而重。栽培管理与轮纹病发生轻重也有一定的关系,修剪不当,枝条过密,树冠郁闭,造成果园通风不良;湿度大,疏花、疏果不好,造成挂果过多;施肥不合理,过多偏施氮肥;病虫害防治不及时等,均易造成树势衰弱,有利于病害的发生。凡栽培管理粗放的果园,轮纹病发生就重。富士、新红星、新乔纳金、元帅、金冠等发病重,国光、印度、祝光和红玉等发病轻。

(3)防治技术

①加强栽培管理 增施有机肥和磷、钾肥,合理修剪和疏花疏果,及时灌溉和排水,秋冬季树干上刷白涂剂,防止树体受冻。以增强树势,提高树体抗病能力。发现病株要及时铲除,以防扩大蔓延。幼树整形修剪时,切忌用病区的枝干作支柱,修剪下来的病残体,及时彻底清理出园烧掉。

②刮除病瘤 铲除越冬菌源,早春和生长季节(5～7 月份)对病树实行重刮皮,具体做法是:苹果树的主干、主枝和中心干基部等部位,进行全面刮皮,将树皮表面刮去 1 毫米左右的外层,直至露出新鲜组织为止,刮后树皮呈黄绿相嵌状。重刮皮既可铲除染病组织,并有刺激树体愈合,提高抗病能力,更新树皮外层的作用。刮下来的树皮要带到园外,集中烧毁或深埋。早春苹果树发芽前喷 5％菌毒清水剂或 4％农抗 120 水剂 100～150 倍液、1～2 波美度石硫合剂,可铲除树体上的越冬菌源。

③喷药保护 从苹果落花后 7～10 天开始直至 8 月下旬(中熟品种)或 9 月中下旬(晚熟品种),每隔 15 天左右喷 1 次药。如果落花后一直干旱无雨,可适当延迟第一次喷药时间。苹果套袋前 2～3 天喷药相当重要,若果实全部套袋,可不再喷防治轮纹病

的药剂,部分套袋的果园应和不套袋的一样,要坚持常规喷药防治。

常用药剂有 70%代森锰锌或 3%克菌康可湿性粉剂 600～800 倍液,40%氟硅唑乳油 6 000～8 000 倍液,10%苯醚甲环唑水分散粒剂 2 000～2 500 倍液,10%宝丽安可湿性粉剂 1 000～1 500 倍液,倍量式(1∶2～3)波尔多液 200～240 倍液(套袋苹果摘袋后和不套袋苹果果实着色期均不能喷波尔多液,以免污染果面)。亦可用 70%甲基硫菌灵可湿性粉剂 800～1 000 倍液,50%多菌灵可湿性粉剂 600～800 倍液。为避免病菌产生抗药性,以上药剂应交替使用。

幼果期温度低、湿度大时,不要使用波尔多液,否则会发生果锈,尤其是金冠品种更为明显。另外,品种间抗病性有差异,应加强对感病品种的防治。果品贮藏前,用仲丁胺 200 倍液浸果 1 分钟,可杀死轮纹病菌的孢子,防效达 80%以上。

10. 苹果炭疽病发病特点是什么？如何进行有效防治？

(1)病害特征 苹果炭疽病又叫苦腐病。初期果面上出现针头大小淡褐色小圆斑,扩大后呈褐色或深褐色,果肉软腐,病部稍凹陷。当病斑扩大至 1～2 厘米时,从中央长出稍突起的黑色小粒体(分生孢子盘),层层向外扩展排列成同心轮纹状,湿度大时,溢出粉红色黏液。果面上多个病斑扩大联合,可造成烂果。烂果肉褐色,味苦,提前脱落。在晚秋染病的果实,由于气温低,病斑多为深红色小斑点,中心有一个暗褐色小点。后期病果腐烂失水干缩变为黑色僵果,大多脱落,少数悬挂枝头。

(2)发病规律 炭疽病是由真菌引起的病害。病菌在树上病僵果、果台和病、虫伤枝条上以及刺槐树上越冬。翌年春季产生大量分生孢子,经风雨和昆虫传播,侵染造成危害。首先在越冬菌源附近形成发病中心,然后向四周扩散蔓延。苹果坐果后就可被侵染,北方 5 月底、6 月初进入侵染盛期。一般潜育期 3～13 天,有的长达 40～50 天。该病具有潜伏侵染的特点,侵入后病菌处于潜伏状态,在果实生长后期才开始发病。

炭疽病的发生与气候关系密切。温度高、湿度大有利于病菌生长、繁殖和侵入;病害发生的时间与降雨早晚、数量、次数有直接关系,降雨时间越长、越频繁,发病越重,每次降雨后,田间就会出现一次发病高峰。每年 7～8 月份,高温多雨季节为发病盛期。果实在贮藏期遇到适宜的条件,仍可发病。炭疽病的发生与栽培管理有一定的关系,果树株距小,树冠大而密,通风透光差,偏施氮肥,枝叶过于茂盛,中耕除草不及时或利用行间种高秆作物,都有利于病害的发生。果园地势低洼,雨后积水,通风不良,也易发病。炭疽病的发生与品种间关系密切,富士、乔纳金、新红星、金冠、元帅等品种较抗病。国光、红玉等老品种发生重。

(3)防治技术

①清除菌源　结合修剪剪除树上的僵果、干枯枝及病虫枝、死果台,连同落地的僵果一起清理出园烧掉或深埋。生长期要及时摘除初期病果,防止扩展蔓延。

②加强栽培管理　改善通风透光条件,降低果园湿度;及时中耕除草,合理施肥;改善排灌设施,避免雨后积水;在果园附近不栽种刺槐,减少传染源。

③药剂防治　同苹果轮纹病。

11. 苹果霉心病发病特点是什么?如何进行有效防治?

(1)病害特征　苹果霉心病又名心腐病、果腐病、霉腐病。病菌首先侵染果实的心室,由内向外逐渐扩展,最后使全果腐烂。发病初期,在果实心室处产生淡褐色、不连续的点状或条状小斑,偶尔融合成褐色斑块。连续扩展后，出现白色、黑灰色、墨绿色或橘红色的霉状物，并突破心室向外扩展。这时病果外部无明显症状，偶尔有果面发黄、果形不正或着色较早的现象，有的病果提前脱落。随着病菌的扩展蔓延，通常先在果实的梗洼部分，从上往下变为褐色湿腐状，其上部边缘呈放射状扩展，随后果实外部也可见到褐色水浸状不规则的病斑。病害在贮藏期仍继续扩展，引起果实腐烂。

(2)发病规律 苹果霉心病是由多种弱寄生真菌引起的一种病害。病菌在病僵果或坏死组织上越冬，翌年春季开始侵染。病菌通过花和果实的萼筒进入心室，在心室中扩展蔓延，并有很大一部分病菌在心室里潜伏下来，待果实近成熟或成熟期病菌才向果肉中逐渐扩展，到贮藏期发病更加明显。病菌的侵染率与萼筒开放率呈正相关。凡果实萼口开放、萼筒长的均感病，如新红星、北斗、元帅等发病重。金冠、国光、富士等品种的萼心间均为封闭型，病菌难以进入，心室带菌少，因而比较抗病。果园地势低洼，树冠郁闭，树势弱的发病重。贮藏期温度与发病关系密切，在0℃条件下贮藏很少发病，温度升至10℃以上时发病严重。

(3)防治技术

①农业措施 加强果园管理，及时摘除病果，清除落果，秋季深翻，冬季剪去树上僵果、枯枝等，均可减少菌源。

②喷药保护 苹果花期是病菌侵入的重要时期，也是药剂防治的关键期。据笔者试验，在苹果开花初盛期和盛末期各喷1次3%克菌康可湿性粉剂800~1 000倍液，有较好的防治效果，该药剂对花无不良影响。其他药剂可在苹果露蕾期、花序分离期和落花期各喷1次杀菌剂。药剂品种有：40%氟硅唑乳油8 000~10 000倍液，50%扑海因可湿性粉剂1 000~1 500倍液，10%多氧霉素可湿性粉剂1 000倍液，80%代森锰锌可湿性粉剂800倍液。以后喷药可结合防治苹果轮纹病、斑点落叶病时兼治。

③加强贮藏期管理　贮藏温度控制在 5℃ 左右,可有效降低发病率。

12. 苹果褐腐病发病特点是什么?如何进行有效防治?

(1)病害特征　苹果褐腐病主要危害果实,是苹果成熟期和贮藏期常见病害,被害果面初期出现浅褐色软腐状小斑,病斑迅速向外扩展,数天内整个果实即可腐烂。

(2)发病规律　苹果褐腐病是由真菌引起的病害,病菌在僵果上越冬。翌年春天形成分生孢子,借风雨传播造成危害。孢子主要通过各种伤口侵入果实,也可经皮孔侵入。一般潜育期 5～10天。病菌的发育适温为 25℃,9 月下旬至 10 月上旬果实近成熟时温、湿度适宜,为发病盛期。在虫伤多、裂果严重、秋雨多的情况下常引起该病的流行。大国光、小国光等晚熟品种染病较重。

(3)防治技术

①农业防治　加强果园管理,清除树上和树下的病果、落果和僵果,秋末或早春深翻土地,以减少菌源。

②药剂防治　在病害发生初期,特别是果实近成熟期要喷药保护果实。药剂可选用:50％多菌灵可湿性粉剂 600～800 倍液或70％甲基硫菌灵可湿性粉剂 800～1 000 倍液,或 50％苯莱特可湿性粉剂 1 000 倍液。

③加强采收和贮藏期管理　果实采收、包装、运输等过程中应尽量避免挤压碰伤,严格剔除病虫果。

13. 苹果叶部病害主要有哪些?如何进行有效防治?

苹果早期落叶病是多种叶部病害的总称,主要有斑点落叶病、褐斑病、灰斑病、圆斑病和轮斑病(大星病)5 种,其中以斑点落叶病发生最重,其次是褐斑病,是造成苹果早期落叶的主要病害。

(1)病害特征

①斑点落叶病　主要危害叶片,也危害枝条和果实。叶片被害初期在新梢嫩叶上出现褐色至深褐色圆形小斑,周围出现紫红色晕圈,边缘清晰。后期病斑扩大到5～6毫米,呈深褐色,有时数个病斑融合成不规则形。天气潮湿时,病斑上出现深绿色至黑色霉状物。后期病斑扩展迅速,形成灰白色大斑,散生数个小黑点,病叶常破裂或穿孔,或扭曲畸形,变黄脱落。金冠品种在麦梢叶片主脉附近,产生黄褐色不规则的大型急烧焦病,边缘不整齐,果实褐色波状纹,易造成早期落叶。

②褐斑病　主要危害叶片,有时也危害果实。叶片被害后,病斑中部褐色,边缘绿色不整齐,外围变黄,病斑上有小黑点,后期病叶变黄极易脱落,但病斑周缘仍为绿色,形成晕圈,是该病的重要特征。仔细区分,病斑又可分为3种类型:一是同心轮纹型:病斑圆形,暗褐色,上有黑色小点,排成同心轮纹状;二是针芒型:病斑小,无一定形状,深褐色至黑褐色,呈针芒状向外放射,病斑常遍布全叶;三是混合型:病斑近圆形,往往几个病斑连在一起,形成不规则的大斑,有的周围呈针芒状。

③灰斑病　主要危害叶片,也危害枝条、嫩梢、叶柄及果实。被害叶上病斑初期为黄褐色小点,逐渐变为圆形或不规则形褐色病斑,边缘明显,后期病斑变为银灰色,表面有光泽,散生多个黑色小粒点。在高温高湿条件下,会形成不规则的灰白色大斑,病斑密集,引起叶片干枯脱落。

④圆斑病　主要危害叶片、果枝及果实。叶片上病斑圆形,褐色或深褐色,大小一致,边缘清晰,中部有一紫褐色环状纹,环纹内有一小黑点。一般不易造成落叶。果枝受害,出现黑色水渍状病斑,后期凹陷,上有小黑粒点。

⑤轮斑病　主要危害叶片,也危害果实。被害叶上病斑较大,圆形或近圆形,边缘清晰整齐,暗褐色,有明显轮纹。天气潮湿时,

病斑背面产生黑色霉状物。

(2)发病规律 苹果早期落叶病是由真菌引起的病害,病菌可在病叶、病枝、病果上越冬;圆斑病主要在病枝内越冬。翌年4~5月份降雨有利于病菌繁殖,病菌随风、雨传播。5~6月份开始发病,可多次侵染。雨水和多雾是病害流行的主要条件,7~8月份进入发病盛期。斑点落叶病发生严重时,7月中下旬即开始落叶,8月中下旬至9月上旬进入落叶盛期,对树体有很大影响,果实亦不能正常生长。降雨早而多的年份,发病早而重,病情严重时还会引起第二次开花,严重削弱树势。春旱年份,发病晚而轻。有些地区降雨少,但雾多,发病也重。

树势强弱对病情影响很大,树势强发病轻,树冠内膛比外围发病重,下部比顶部发病重。受病虫危害和土质瘠薄的果园发生也重。苹果品种间抗病性有明显差异。褐斑病以红玉、红星等易感病,伏花皮、祝光等较抗病;轮斑病以倭锦、红玉等易感病,祝光、鸡冠等较抗病;圆斑病以红玉、倭锦、国光等易感病,祝光、红香蕉等发病较轻;斑点落叶病以红星、红富士、印度、青香蕉等为高感品种,金冠、国光等较抗病。

(3)防治技术

①加强栽培管理 科学修剪,增施有机肥料,及时防治病虫害,使果树生长健壮,提高树体抗病力。做好果园雨后排水,降低湿度,可减轻病害发生。

②清除越冬菌源 结合修剪清除树上残留的病枝、病叶,及时扫净地面落叶,并彻底烧毁。

③药剂防治 第一次喷药应掌握在谢花后10天左右,若春季干旱可适当推迟喷药时间,多雨则应提早在花前喷药。以后隔15天左右喷1次。春梢叶片生长期喷药2~3次,秋梢叶片生长期喷药2次,可控制病害发生。以后结合防治苹果轮纹病等,进行兼治。常用药剂有10%多氧霉素或50%的扑海因可湿性粉剂

1 000～1 500 倍液,80％代森锰锌可湿性粉剂的 800 倍液,40％氟硅唑乳油 8 000～10 000 倍液,68.75％噁唑菌酮水分散粒剂 1 500 倍液,以上药剂应交替使用,以免病菌产生抗药性。

14. 为害苹果的叶螨有哪几种? 如何进行有效防治?

为害苹果树的叶螨主要有山楂叶螨、苹果全爪螨和二斑叶螨等。

(1)危害特征

山楂叶螨常集中在叶背危害,吐丝结网,严重时叶背变为褐色,造成被害叶枯焦脱落。苹果全爪螨成螨主要在叶片正面活动,幼螨多在叶背面,一般不吐丝结网,虫口密度大时,常会吐丝下垂转移为害,一般不提早落叶。二斑叶螨多聚集在叶背主脉两侧取食,被害叶片开始在叶脉两侧失绿,虫口密度较大时叶面上结一层白色丝网,严重时造成叶片枯焦、脱落。

(2)发生规律

①山楂叶螨　山楂叶螨发生代数与温度密切相关,我国北方果区 1 年发生 3～10 代,山东发生 7～9 代,河南、陕西发生 7～10 代,而辽宁仅发生 3～6 代。寄主植物多达 30 余种,主要为害苹果、梨、桃、樱桃、山楂、杏、李以及蔷薇科观赏植物等。以受精冬型雌成螨在枝干树皮裂缝内、粗皮下及靠近树干基部的土块缝里越冬。越冬雌成螨于翌年春天果树花芽膨大(气温 10℃左右)时,开始出蛰上树,待芽开绽露出绿顶时即转到芽上为害,展叶后即转到叶片上为害。整个出蛰期长达 40 天左右,但大多数集中在 20 天内出蛰,因此花前是防治出蛰雌成螨的关键期。出蛰雌成螨为害 7～8 天后就开始产卵,在盛花期前后为产卵盛期。卵期 8～10 天,落花后 10～15 天正值第一代卵孵化盛期,此时是药剂防治的有利时机。

第二代以后,世代重叠,随气温升高,发育加快,虫口密度逐渐上升。从 5 月下旬起种群数量剧增,逐渐向树冠外围扩散为害。6 月中旬至 7 月中旬高温、干旱季节是发生为害高峰期,因此麦收前后是全年防治重点时期。7 月下旬以后降雨多,湿度大、天敌增多,虫口明显下降,越冬雌成螨也随之出现,9～10 月份大量出现越冬雌成螨,并开始进入越冬场所越冬。

山楂叶螨不活泼,常以小群体在叶背面为害,吐丝结网,卵多产在叶背主脉两侧及丝网上。雌成虫可行孤雌生殖。每雌产卵 60～90 粒。早春成虫多集中在内膛枝为害,第一代成虫以后渐向树冠外围扩散为害。一般高温干旱年份易大发生,降雨多的年份发生轻。

②苹果全爪螨　苹果全爪螨在东北、华北果区 1 年发生 6～7 代,西北果区 1 年发生 7～9 代。以卵在短果枝、果台和 2 年生以上枝条的背阴面越冬,发生严重时主侧枝、主干上都有越冬卵。翌春当日平均温度达 10℃左右,苹果花芽膨大期,越冬卵开始孵化。早熟品种初花期是越冬卵孵化盛期,孵化期比较集中,一般 2～3 天内大多数卵可孵化,孵化历期为 15 天左右,幼螨孵化后为害花蕾或幼叶,此时是药剂防治的有利时机。

越冬代成螨的发生期比较整齐,与元帅品种花期基本一致。苹果盛花至落花期为成螨发生盛期,落花后 7 天为第一代成螨产卵高峰期。6 月上旬发生第二代成螨,以后各世代重叠。夏季卵期 6～7 天,春、秋季 9～10 天。在 7 月上旬以前大约发生 3 代,7 月中旬以后发生 3～4 代。6～7 月份正值华北地区高温,是全年发生为害的高峰期。7 月下旬以后,由于温度高、降雨多、湿度大,虫口密度显著下降。晚秋季节虫口密度常有所回升。8 月份以后开始产卵越冬,至 10 月份为止。

苹果全爪螨为害寄主亦很广,除为害苹果外,还为害梨、桃、樱桃、李、沙果和葡萄等。成螨较活泼,爬行迅速,很少吐丝结网,卵都产在叶片正面主脉凹陷处和叶背主脉附近,多在叶片正面取食为害,有时亦爬到叶背面。每头雌成螨平均产卵 45 粒,最多 150 余粒,完成 1 代需 10～14 天。

③二斑叶螨　斑叶螨在北方果区 1 年发生 7～9 代,以受精雌成螨在枝干裂缝、老翘皮下、果树根颈部、杂草、土缝以及覆草下越冬。春季果树发芽(气温 10℃ 以上)越冬雌成螨开始出蛰。树下地面越冬的雌成螨出蛰先在杂草上取食,然后才上树为害。树上越冬的雌成螨先在树冠内膛为害,以后再扩展全树。二斑叶螨以 7～8 月份发生为害最重,虫口密度大时,成螨大量吐丝,并通过丝网扩散。9 月下旬以后陆续出现橙黄色越冬型雌成螨,寻找越冬场所越冬。

二斑叶螨的寄主很广,除为害果树外,还为害多种农作物、林木及杂草,寄主植物多达 200 余种。发育历期短,20℃～25℃ 下,完成 1 代仅需 8～10 天。雌螨繁殖力强,每雌产卵量达 100 余粒。该螨的抗药性很强,一般杀螨剂难以控制其为害。

(3)防治技术

①人工防治　秋季害螨越冬前在树干中下部束草把,诱集越冬雌成螨(山楂叶螨、二斑叶螨、李实叶螨)并在其产卵越冬(苹果全爪螨、果台螨)春季出蛰前,将草巴解开,集中烧毁。同时刮除枝干上的翘皮,消灭越冬的成螨。

②保护利用天敌　捕食叶螨的天敌主要有食螨瓢虫、花蝽、蓟马、隐翅甲和捕食螨等几十种,可对控制叶螨种群数量消长起重要作用。因此,果园用药要尽量先用对天敌影响较小的农药品种,如石硫合剂,花前用 0.5 波美度,花后用 0.2 波美度或用 50% 硫悬浮剂稀释 200～300 倍液。这些农药对苹果白粉病也有兼治作用。

③药剂防治　防治山楂叶螨、苹果全爪螨、果台螨要根据物候期抓住苹果花前、花后和麦收前后 3 个关键期进行防治,二斑叶螨、李始叶螨防治适期可适当推迟,根据虫情在 7～8 月份叶螨发生初期喷药防治。防治指标(平均单叶活动螨数):6 月份以前 3～4 头,7

月份以后 7～8 头。药剂可选用：1.8%阿维菌素乳油 4 000 倍液，15%扫螨净乳油 1 500～2 000 倍液，5%卡死克乳油 1 000 倍液，5%尼索朗乳油或 25%倍乐霸可湿性粉剂或 73%克螨特乳油 2 000 倍液，10%浏阳霉素乳油 1 000～1 500 倍液，99.1%加德士敌死虫乳油 200 倍液，20%螨死净悬浮液 2 000～3 000 倍液。7～8 月份可用 20%灭扫利乳油或 2.5%氯氟氰菊酯乳油 3 000 倍液防治桃蛀果蛾，并可兼治叶螨。

15. 为害苹果的蚜虫有哪几种？如何进行有效防治？

为害苹果树的蚜虫主要有绣线菊蚜(苹果黄蚜)、苹果瘤蚜和苹果棉蚜 3 种。

(1)为害特征

①绣线菊蚜　主要为害新梢、嫩芽和叶片，虫口密度大时，还可为害果实。被害梢端部叶片开始下卷，以后则向背面横卷，叶片全部卷缩，影响光合作用，抑制新梢生长，严重时会引起早期落叶，影响树势。

②苹果瘤蚜　主要为害新芽、嫩叶及幼果。叶片被害后，由边缘向叶背纵卷，叶片常出现红斑，随后变为黑褐色，枝梢细弱，逐渐干枯死亡。幼果被害后出现许多略有凹陷、不规则的红斑，影响果实生长和着色。被害严重的树，新梢、嫩叶全部扭卷皱缩，发黄干枯。

③苹果棉蚜　群集在寄主的枝条、枝干伤口、主干、主枝裂缝处、腐烂病病疤边缘以及根部等处，吸食汁液。被害部膨大成瘤，肿瘤破裂后，造成水分、养分输导受阻，从而削弱树势，影响结果。还能为害果实的萼洼及梗洼部分，影响果实质量。根部受害后形成肿瘤，使根部坏死。

(2)发生规律

①绣线菊蚜　1 年发生 10 余代。为害寄主有苹果、梨、桃、李、杏、樱桃和山楂等。以卵在小枝条的芽腋枝杈或树皮裂缝内越

冬。早春苹果树萌动时,越冬卵孵化为干母,经 10 余天干母即可胎生无翅雌蚜,称为干雌,以后则可产生有翅和无翅的后代,有翅型则转移扩散。自春季至秋季均以孤雌生殖方式繁殖,前期繁殖较慢,5~6 月份繁殖加快,也是为害盛期,6 月份开始产生大量有翅胎生雌蚜迁移到杂草等处为害。至 7 月中下旬雨季来临时,树上蚜虫种群数量显著减少,很少见其为害,有时仅在徒长枝上的嫩梢上有少量蚜虫。至 10 月份在杂草上发生的蚜虫产生有翅蚜,迁飞到苹果树上,以后产生有性蚜,雌雄交尾,产卵越冬。未交尾的雌蚜也能产卵,该虫仅在秋季产越冬卵时两性生殖,其他各代均行孤雌生殖。

②苹果瘤蚜 1 年发生 10 余代。为害寄主有苹果、沙果、海棠等。以卵在 1 年生枝条、芽腋或剪锯口等部位越冬。翌年 4 月份苹果发芽至展叶期为越冬卵的孵化期,历时半个月左右。孵化出的若蚜都集中在叶芽露绿部分和开绽的嫩叶上为害。5~6 月份随着新梢抽出新嫩叶,蚜虫即转移到新梢上为害,此时雌蚜孤雌胎生,繁殖速度加快,种群数量剧增,为害严重。受害重的叶片向下弯曲、纵卷,严重的皱缩枯死。除为害叶片外,还能为害幼果,果面出现稍凹陷的红斑。7 月份虫口密度仍很高,至 7 月下旬以后蚜量减少,10~11 月份出现有性蚜,交尾后产卵越冬。

③苹果棉蚜 在辽宁省大连地区 1 年发生 13 代,山东省青岛地区 17~18 代,云南省昆明地区 21 代。为害寄主除苹果外,还能为害山足子、海棠、花红等。以一至二龄若蚜在苹果树枝干裂缝、伤疤、剪锯口、1 年生枝芽芽侧以及根颈基部和树根处越冬。翌年 4 月份气温达 9℃左右时,越冬若虫开始活动,5 月上旬气温达 11℃以上时开始扩散,迁移至嫩枝上的叶腋、嫩芽基部为害,以孤雌胎生的方式大量繁殖无翅雌蚜;同时出现少数有翅雌蚜,向周围树上迁移。5 月下旬至 7 月上旬为全年繁殖高峰期,8 天左右即可完成 1 代,大量幼蚜向树冠外围新梢扩散蔓延,为害严重。此时枝

干的伤疤边缘和新梢叶腋等处都有蚜群,被害部肿胀成瘤。7～8月份气温较高,不利于棉蚜繁殖,同时寄生性天敌(日光蜂等)数量剧增,使虫口减少,种群数量下降。9月下旬以后气温开始降低,日光蜂等天敌数量减少,苹果棉蚜数量又回升,出现第二次为害高峰。进入11月份气温降至7℃以下,若蚜陆续越冬。苹果棉蚜还为害根部,浅层根上蚜量大,深层根部数量较少。根部受害形成根瘤,使根坏死,影响根的吸收功能。一般沙土地果园,根部苹果棉蚜为害严重。

(3)防治技术

①保护天敌　苹果蚜虫的天敌有瓢虫、草蛉、食蚜蝇和蚜茧蜂等数十种,要尽量保护利用。如必须用药防治,应选用对天敌影响较小的农药品种。

②早春防治　在苹果萌芽前后,彻底刮除老树皮,剪除蚜害枝条,集中烧毁。在果树发芽前,结合防治叶螨、介壳虫,喷95％机油乳剂,或99.1％敌死虫乳油,杀死越冬蚜虫。

③生长期防治　5～6月份是绣线菊蚜、苹果瘤蚜和苹果棉蚜的猖獗为害期,亦是防治的关键期,因此在麦收前后要进行防治。药剂可选用10％吡虫啉可湿性粉剂4 000倍液,2.5％扑虱蚜可湿性粉剂或3％啶虫脒乳油2 000倍液,48％毒死蜱1 000倍液,99.1％敌死虫乳油150～200倍液,50％抗蚜威可湿性粉剂1 500～2 000倍液。单治苹果棉蚜可用48％毒死蜱乳油或25％扑虱蚜可湿性粉剂1 000倍液,40％蚜灭多乳油1 000～1 500倍液喷雾,5％啶虫脒乳油2 000倍液,10％吡虫啉可湿性粉剂3 000倍液。

④剪除被害枝条　结合夏剪,及时剪除被害枝条,集中销毁。

16. 为害苹果的食心虫有哪几种？如何进行有效防治？

为害苹果的食心虫主要有桃蛀果蛾、苹小食心虫、梨小食心虫等，其中发生普遍、为害严重的主要是桃蛀果蛾。

（1）为害特征

①桃蛀果蛾　桃蛀果蛾又名桃小食心虫，简称"桃小"。寄主有苹果、梨、山楂、枣、李、杏和海棠等。以幼虫蛀果为害，初孵幼虫入果后1～2天，果面上出现小水珠，俗称"流眼泪"，干后成一小片状蜡质膜。幼虫先在果皮下潜食，使果面凹陷变成"猴头果"。以后随着虫龄增大，在果内纵横串食并排粪于果内，变成"豆沙馅"，使果实无法食用，失去经济价值。

②苹小食心虫　苹小食心虫，简称"苹小"。食性较杂，寄主有苹果、梨、桃、山楂、花红、海棠、榅桲和山荆子等。以幼虫为害果实，初孵幼虫蛀果后在果皮下浅层蛀食果肉，一般不深入果心，形成直径1厘米左右黑褐色干虫疤，稍凹陷，其上有2～3个虫孔，并有少量虫粪堆积。

③梨小食心虫　梨小食心虫简称"梨小"，寄主有苹果、梨、桃、李、杏和樱桃等。幼虫除蛀食果实外，还为害苹果嫩梢。幼虫蛀入果内取食果肉，并深入果心，食害种子，幼虫从蛀入孔排出大量虫粪，造成虫孔周围变褐腐烂，早期被害果易脱落。

（2）发生规律

①桃蛀果蛾　桃蛀果蛾在北方果区1年发生1～2代，多数为2代。以老熟幼虫在土内4～10厘米处结冬茧越冬。落花后半月越冬幼虫开始出土，山东胶东果区，出土始期在5月上旬，盛期在5月下旬，末期在6月下旬。幼虫出土与土温、降水次数、土壤含水量等因素密切相关。土温达19℃、土壤含水量达10%以上时，降雨后2～3天，幼虫可连续出土。如遇干旱天气，土壤含水量在

3%以下时,幼虫几乎不能出土。出土幼虫在树干基部附近或土、石块下结夏茧化蛹,蛹期 10～15 天。越冬代成虫羽化期为 6 月上旬至 7 月下旬,盛期为 6 月下旬至 7 月上旬。第一代成虫于 7 月中旬至 9 月上旬羽化,盛期在 8 月上中旬。

成虫白天潜伏在树上或杂草中,夜晚活动。雌虫产卵前期1～3 天,每雌产卵 10～100 余粒,卵绝大多数产在萼洼内。成虫产卵对苹果品种有一定选择性,第一代卵大多产在金冠等中熟品种上,第二代卵多产在富士、小国光等晚熟品种上。单果落卵量 1～5 粒,多者达 20～30 粒。卵期 8～10 天。孵化后幼虫先在果面爬行,待找到适当位置后即咬破果皮,但并不吞食,多数从果实破皮处蛀入果内。幼虫在果内串食为害 20 余天,老龄后从里往外咬一大脱果孔,脱出落地入土。一般 7 月下旬前脱果幼虫不滞育。8 月中旬脱果的幼虫,一半做夏茧化蛹,继续发育为第二代。另一半做冬茧准备越冬。

②苹小食心虫　苹小食心虫 1 年发生 2 代。以老熟幼虫在树皮裂缝处,剪锯口干皮缝内,树下杂草和吊树的绳、支杆、果筐(箱)的缝隙等处结茧越冬。越冬幼虫于翌年 5 月份化蛹,蛹期 10 余天。各代成虫发生期:越冬代为 5 月下旬至 7 月中旬,盛期在 6 月中旬;第一代为 7 月中旬至 8 月中旬,盛期在 8 月中旬。

成虫夜晚活动,交尾、产卵,卵散产,喜产在光滑的果面上。每雌产卵 50 余粒,卵期 7 天左右。初孵幼虫从果面蛀入果内为害。幼虫在果内为害 20～30 天后,从虫疤边缘处脱出果外,随枝干爬至隐蔽处做茧化蛹。化蛹期间若遇干旱天气,幼虫不能正常化蛹;反之,降雨多化蛹率就高。成虫对糖醋液或烂苹果发酵水有一定的趋性。

③梨小食心虫　梨小食心虫在华北地区 1 年发生 3～4 代。以老熟幼虫结茧在树干翘皮下、枝杈缝隙、根茎部以及落叶或土中越冬,也有的在石块下、果品仓库、墙缝处越冬。各代成虫发生期:

越冬代 4 月中旬至 6 月中旬,第一代 6 月中旬至 7 月中旬,第二代 7 月上中旬至 8 月上旬,第三代 8 月中旬至 9 月上旬。各代发生期很不整齐,世代重叠严重。各虫态历期:卵期,春季 8～10 天,夏季 4～5 天;幼虫期 10～15 天;蛹期 7～15 天;成虫寿命 11～17 天,完成 1 代 30～40 天。

第一代卵主要在果树嫩梢 3～7 片叶的背面,幼虫大都在 5 月份为害,初孵幼虫从嫩梢顶部 2～3 片叶子的基部蛀入嫩梢中。第二代卵主要在 6 月至 7 月上旬,大部分还是产在果树上。幼虫继续为害新梢,并开始为害果实。第三代卵盛期在 7 月中旬至 8 月上旬,第四代卵盛期在 8 月中下旬。三四代幼虫主要为害果实。成虫白天多静伏在叶、枝和杂草丛中,黄昏后开始活动,对糖醋液、果汁及黑光灯有较强的趋性。

(3)防治技术

①**越冬防治** 防治苹小食心虫应在果树发芽前,刮除老树皮集中烧毁;处理吊树用的绳和支杆;在树干上束草或草绳,诱集越冬幼虫集中消灭。

②**地面防治** 防治桃蛀果蛾应在越冬代幼虫出土始期、盛期和第一代幼虫脱果盛期进行地面防治。主要药剂有 50%辛硫磷乳油、48%毒死蜱乳油,每 667 平方米用 0.5 千克药,对水 150 升,喷树盘及周围地面。也可用白僵菌(粗菌剂)2 千克,加 48%毒死蜱乳剂 0.15 千克,对水 150 升喷树盘。喷后覆草,效果更好。

③**树上防治** 在食心虫各代卵高峰期和幼虫孵化期进行药剂防治,10～15 天喷 1 次,连喷 3 次。主要药剂有 20%灭扫利乳油或 2.5%氯氟氰菊酯乳油或 20%杀灭菊酯乳油 2 000～3 000 倍液,25%灭幼脲 3 号悬浮剂或 48%毒死蜱乳油 1 000～1 500 倍液,20%杀铃脲悬浮剂 8 000～10 000 倍液,4.5%高效氯氰菊酯乳油或 10%氯氰菊酯 2 000～3 000 倍液。

④**诱杀成虫** 利用梨小食心虫成虫对糖醋液的趋性,在果园

内悬挂糖醋液盆(距地面 1.5 米左右)诱杀成虫并及时捞出虫尸,补充糖醋液。另外,还可悬挂梨小食心虫性诱剂诱捕器诱杀雄成虫,每 667 平方米挂 5～10 个,可诱杀大量雄成虫。

17. 为害苹果的潜叶蛾有哪几种? 如何进行有效防治?

为害苹果树的潜叶蛾主要有金纹细蛾、旋纹潜叶蛾和银纹潜叶蛾 3 种,其中以金纹细蛾发生最为普遍,为害较重。

(1)为害特征

①金纹细蛾 幼虫在叶背面潜食叶肉,被害叶仅剩下表皮,外观呈泡囊状,透过下表皮可见幼虫及黑色虫粪。虫疤常发生在叶片边缘,叶片正面拱起,虫疤呈网眼状,1 个虫疤内只有 1 头幼虫,发生严重时,1 张叶片上有多个虫疤,使叶片扭曲皱缩,影响光合作用,并促使早期落叶。

②旋纹潜叶蛾 幼虫在叶片上表皮内呈螺旋状潜食叶肉,排出的虫粪也呈螺旋状,形成同心轮纹状或椭圆形黑褐色虫疤,被害处干枯。严重时,1 张叶片有 10 余个虫疤,造成果树早期落叶。

③银纹潜叶蛾 幼虫在新梢叶片上表皮下潜食成线形虫道,由细变粗,最后在叶缘部分形成大块枯黄色虫斑,虫斑背面有黑褐色细粒状虫粪,被害叶仅剩上下表皮。

(2)发生规律

①金纹细蛾 金纹细蛾 1 年发生 5～6 代,寄主以苹果、海棠为主,还能为害梨、桃、李、樱桃等。以蛹在落叶中越冬,翌春苹果树发芽时出现越冬的成虫,各代成虫发生盛期为:越冬代 4 月下旬,第一代 5 月下旬至 6 月上旬,第二代 7 月上旬,第三代 8 月上旬,第四代 9 月中下旬,末代幼虫于 10 月中下旬,在被害叶的虫疤内化蛹越冬。

成虫多在早晨和傍晚前后活动,雌蛾喜在嫩叶上产卵,散产。

产卵对苹果品种有一定的选择性,富士、新红星、国光上的落卵量多于金冠、青香蕉。卵期在 25℃ 下为 6～7 天,15℃ 时长达 11.4 天。幼虫孵化后自卵壳下直接潜入叶背表皮,啃食叶肉,幼虫在 19℃、24℃、30℃ 条件下的发育历期分别为 20 天、18 天和 16 天。幼虫一生均在被害叶内生活,老熟后在虫疤内化蛹,蛹期 6～10 天,越冬代蛹期为 90～100 余天。成虫羽化时将蛹壳一半露在虫疤外面。

②旋纹潜叶蛾 旋纹潜叶蛾 1 年发生 3～5 代,山东、陕西 4 代,辽宁、河北、山西等地 3～4 代,河南 4～5 代。寄主植物主要有苹果、梨、山楂、海棠、沙果、山定子等,以苹果被害最重。以蛹于白色虫茧内在主枝、主干缝隙处越冬,也有少数在落叶、土块、果萼处越冬。陕西关中地区,各代成虫发生盛期为:越冬代 4 月中旬,第一代 6 月下旬,第二代 7 月下旬,第三代 8 月中旬。成虫寿命 2～5 天。发生历期:幼虫期 17～24 天,蛹期 17～22 天,越冬蛹 210 天。

成虫喜在晴朗的白天活动,有趋光性,羽化后即交尾产卵。卵多产在叶片背面,多选择光滑少毛的叶片上产卵,每雌产卵 15～34 粒。幼虫孵化后从卵壳下蛀入叶内,啃食叶肉使上表皮分离。幼虫旋转取食,将虫粪排成环状,使叶面出现近圆形轮状枯斑。幼虫老熟后从虫疤内爬出,吐丝下垂,随风飘移至另一张叶片或枝条上结白色梭形茧化蛹,茧呈"H"状。10 上旬老熟幼虫开始结茧化蛹越冬。

③银纹潜叶蛾 银纹潜叶蛾 1 年发生 4～5 代。寄主植物有苹果、海棠、沙果、山定子等。以冬型成虫在杂草、落叶及土、石缝处越冬。陕西关中地区越冬代成虫于 5 月中下旬在新梢嫩叶背面产卵,幼虫潜叶为害至 6 月上中旬老熟结茧化蛹。第一代成虫发生在 6 月中下旬,以后世代重叠,9 月下旬开始出现冬型成虫,陆续越冬。成虫活动能力不强,多白天活动,无趋光性。幼虫老熟后

脱叶爬出,吐丝下垂,到受害叶片下方附近叶片背面结白茧化蛹。

(3)防治技术

①人工防治 秋季落叶后,要彻底清扫果园落叶,刮除枝干上的越冬蛹和冬型成虫。

②药剂防治 幼虫一旦潜入叶片,药剂防治效果很差,因此必须掌握在成虫发生盛期喷药防治。常用药剂有:25%灭幼脲3号悬浮剂1 500倍液,1.8%阿维菌素乳油3 000～4 000倍液,2.5%氯氟氰菊酯乳油或20%杀灭菊酯乳油2 000倍液。

③保护利用天敌 金纹细蛾等潜叶蛾的寄生性天敌很多,如金纹细蛾跳小蜂,金纹细蛾姬小蜂,苹果潜叶蛾姬小蜂,梨潜叶蛾姬小蜂等,这些天敌对潜叶蛾自然控制力很强,在不喷农药的果园寄生主常达30%～50%,甚至更高。因此,果园必须喷药时,应选用对天敌杀伤力小的品种,如灭幼脲等昆虫生长调节剂,以保护利用天敌。

18. 苹果树缺硼有何表现? 如何补救?

苹果树缺硼是一种生理性病害,在土壤瘠薄,缺少有机质、偏碱性或土壤黏重的山地丘陵、河滩沙地果园容易发生。石灰质较多时土壤中的硼易被钙固定,过多的钾、氮,也影响果树对硼的吸收利用。果园早春干旱也易发生缺硼症。应及时有效防治,否则影响果树的正常生长发育,造成减产。

(1)症状特点 苹果树缺硼时早春或夏季叶子出现顶枯和丛生现象,顶枯后下部侧枝萌发出很多小而厚的小叶,叶色暗绿,形成"簇叶"。开花后花发育不良,花粉管生长慢,不能受精,大量落花。果实则表现为果实内出现斑块,形成缩果、软心或干斑。根据症状可分为3种:锈斑型:沿果柄周围的果面上着生褐色细密横向条纹锈斑、干裂,但果肉无坏死病斑,只表现果肉松软。干斑型:落花后15天幼果背部阴面产生圆形红褐色斑点,病斑处皮下果肉呈水渍状半透明,表面溢出黄褐色黏液,后期病果果肉坏死变为褐色至暗褐色,病斑凹陷干裂,轻病果仍继续生长。木栓型:生长后期,一般在8～9月份果实发病较多,初期果肉病部呈水渍状褐色,松软呈海绵状,不久病变组织木栓化,果实表现凹凸不平,手握有松软感,木栓化部分味苦,不能食用。

(2)补救措施

①合理施肥　增施优质有机肥料,提高土壤有机质的含量,改善土壤的通透性。结合施基肥,每667平方米施0.5～2千克硼砂,调节土壤矿质养分之间的平衡。对瘠薄地深翻,加强水土保持,干旱年份适时灌水。

②合理施用化肥　对缺硼严重的果园,可在秋季以每100千克果向土壤中株施含硼量为0.05～0.15千克的硼砂或硼酸,施入量不宜过大。避免连续过量施用钾肥,降低土壤的酸碱值,有利于硼的溶解吸收。

③及时根外追肥　叶面肥一般15分钟至2小时即被吸收利用。于花前7天或花期叶面喷施0.1％～0.3％硼砂液或硼酸液,对于已有缺硼症状的果园,可用以上药剂连续喷2～3次,中间相隔10～15天。喷雾要均匀,叶背多喷,最好在上午10时以前或下午4时以后喷洒,效果更好。

19. 苹果树缺钙有何表现？如何补救？

钙是果树生长发育所必需的营养元素,是构成细胞壁的重要成分。由于受传统习惯的影响,人们在果园施肥上往往只重视氮、磷、钾肥的投入而忽视钙肥的补给,从而导致果树因缺钙引起的生理性病害(如苹果苦痘病、痘斑病等)大面积发生且逐年加重,给果农造成了很大经济损失。

(1)症状特点　果树缺钙根系易形成多分枝短粗根群,即"扫帚根",严重时根部尖端生长点死亡。结果树新梢过早停止生长,幼叶卷曲,叶边缘发黄,叶中脉有坏死斑点。在果实近成熟或贮藏前期易患苦痘病、木栓化斑点病和水心病等,果实表面出现小的棕色坏死斑点,果肉缩成海绵状,果心呈水渍状,特别是套袋苹果因缺钙而引起的生理病害更加严重。

(2)补救措施

①增施有机肥和绿肥,改良土壤有机质含量、改善土壤理化性状、增强土壤对钙的保持能力。同时,有机肥一般中性偏碱,可降低土壤中阳离子铁、铝的活性,减少了土壤中阳离子对代换性钙的活性影响,保证根系对钙的吸收;再是有机肥和绿肥含有大量微量元素,能持续为苹果提供钙和微素营养。一般每667平方米每年要达到4 000千克以上。早春注意浇水,雨季及时排水,适时适量使用氮肥。

②叶面、果实喷施氨基酸钙肥。果树生长期叶面喷施2~4次,谢花后3~6周内喷2次,果实采收前3~6周内喷施2次。喷施浓度:前期400~500倍液,中后期300倍液。

③贮藏期管理。入库前用钙盐溶液如8%的氯化钙,1%~6%硝酸钙等浸果3分钟,清水洗净晾干后再贮藏,贮藏期要控制库温在0℃~4℃,并保持良好的通透性,可预防贮藏期病害,延长贮藏期,增加经济效益。

20. 苹果树缺铁有何表现?如何补救?

苹果树缺铁症又称黄化病、黄叶病等,是因果园土壤中缺少可吸收态铁引起的生理性病害。盐碱地或碳酸钙含量高的碱性土壤,含锰、锌过多的酸性土壤,土壤黏重、排水差、地下水位高的低洼地,春季多雨入夏后急剧高温干旱等果园环境下极易发生缺铁症。

(1)症状特点 苹果树缺铁症状多表现在叶片上,尤其是新梢顶端叶片。初期叶片变黄,叶脉仍保持绿色,叶片呈绿色网纹状,旺盛生长期症状明显,新梢顶端新生叶除主脉、中脉外全部变成黄白色或黄绿色。严重缺铁时,顶梢至枝条下部叶片全部变黄失绿,新梢顶端枯死,呈枯梢现象,影响果树正常的生长发育。

(2)补救措施

①加强栽培管理　低洼积水果园注意及时排水,春旱时用含盐低的水压碱;间作豆科绿肥,增施有机肥,改良土壤。

②喷施铁肥　发病果园,发芽前喷洒 0.3%～0.5%硫酸亚铁溶液,或在生长季节喷 0.1%～0.2%硫酸亚铁溶液或柠檬酸铁溶液,隔 20 天施 1 次;或于果树中、短枝顶部 1～3 片叶开始失绿时,喷黄腐酸二胺铁 200 倍液或 0.5%尿素+0.3%硫酸亚铁。

③根施铁肥　果树萌芽前将硫酸亚铁与腐熟的有机肥混合,挖沟施入根系分布的范围内,也可在秋季结合施基肥进行,切记在生长期施用,以免发生药害;也可将硫酸亚铁 1 份粉碎后与有机肥 5 份混合施入。

④树干注射　用强力注射器将 0.05%～0.08%硫酸亚铁溶液或柠檬酸铁溶液注射到树干中,可有效控制苹果树缺铁症发生。

21. 苹果树缺锌有何表现? 如何补救?

苹果树缺锌病又称小叶病或簇叶病,是由缺乏锌素引起的一种生理性病害,各地果园均有发生。当果园土壤有机质含量低,锌素供应不足时,果树生长素和酶系统的活动受阻,造成叶片发黄,出现小叶现象。沙地、瘠薄山地和盐碱地果园易发生。缺锌还与土壤中磷、钾和石灰含量过多有关,同时还与土壤中氮、铜等元素失调有关,盲目施用磷肥过多,也会引起缺锌或加重缺锌。果树重茬或苗圃重茬,修剪过重,伤口或伤根多,浇水频繁,易引起或加重缺锌症。

(1)症状特点　苹果树缺锌主要表现在新梢和叶片上,树冠外围的顶梢表现尤为突出。春季病枝发芽晚,新梢节间变短,叶片细小簇生或光秃,呈莲座状。病叶狭小细长,质地硬脆,叶缘上卷,叶片黄绿色或浓淡不均,叶脉颜色变浅。病树花芽较少,花朵小且色淡,坐果率低或果小畸形。重病树叶片自新梢基部逐渐向上脱落,树冠空膛,根系发育受阻,易发生根腐病。

(2)补救措施

①建园时选用优良品种,如红富士、元帅系等综合抗性较强的品种。选择地势高、排水好、向阳、通风透气的地方建园,此外,不要在重茬果园或苗圃地再建苹果园。

②加强农田基本建设,防止水土流失,增施有机肥,种植绿肥,提高土壤有机质含量,改善土壤理化性质。调节营养元素的平衡关系,施肥前,测定土壤中有效元素的状况,根据果树的需肥特点,制定最佳施肥方案,达到平衡施肥的目的。

③根据苹果树对锌的需求特性,通过补充锌肥,可有效防治苹果树缺锌病的发生。结合秋施基肥,每株成龄树加施硫酸锌0.5～1千克,翌年见效,持效期长,但在碱性土壤中效果较差,应进行叶面喷锌。在果树叶芽开始萌动而未发芽前,喷3%～5%硫酸锌溶液或萌芽后喷0.1%硫酸锌溶液。由于氮素可促进锌的吸收,可在苹果盛花期后20天,喷0.2%硫酸锌+0.3%尿素溶液,对防治或减轻症状有较好的效果。

22. 怎样防治贮藏期病害?

苹果贮藏期病害分为生理性病害和真菌性病害两大类,前者是由于生长、贮藏条件不适或缺乏某种矿物质引起的,后者则是由于采前微生物潜伏侵染或采后伤口侵染引起的。

(1)生理性病害的防治

①虎皮病　虎皮病是贮藏后期发生的生理病害,大多数苹果品种都易感染此病。其症状是病部褐变,呈不规则凹陷状,多发生在不着色的背阴面,严重时病斑连成大片如烫伤状,影响外观。苹果采收过早,成熟度较低是该病发生的主要原因。防治虎皮病首

先应注意适当晚采;利用气调贮藏;还可用浓度为 0.25%~ 0.35%、温度为 25℃ 的乙氧基喹液浸泡果实,或用每张含有1.5~ 2 毫克二苯胺的包果纸包果,有很好的防病效果;另外,还要注意贮藏库的通风情况,果实出库时应逐渐升温,以免温度骤变而引起发病。

②苦痘病　在果实近成熟时开始出现症状,贮藏期继续发展。病斑多发生在近果顶处,即靠近萼洼的部分,而靠近果肩处则较少发生。病部果皮下的果肉先发生病变,而后果皮出现以皮孔为中心的圆形斑点,这种斑点在绿色或黄色品种上呈浓绿色,在红色品种上则呈暗红色,而且病斑稍凹陷。后期病部果肉干缩,表皮坏死,显现出凹陷的褐斑,深达果肉 2~3 毫米,有苦味。轻病果上一般有 3~5 个病斑,重的 60~80 个,遍布果面。防治苦痘病一是加强贮期管理;二是苹果入库前用 50~100 倍乳酸钙浸果;三是贮前预冷,贮前温度保持 0℃~2℃,有条件的采用气调贮藏。

③斑点病　斑点病是发生在果实表面的一种生理性病害。主要是因为果实采收前缺磷和采收过早。开始时果实呈各种色斑,绿色品种为褐色斑点,红色品种呈黑色斑点。斑点部易侵入病菌使果实腐烂。预防措施:生长期增施磷肥,防治早期落叶病,尽量不早采果实。

④果肉褐变病　果实采收晚、成熟过度,贮藏期温湿度及气调贮藏氧气浓度过高而导致的一种生理性病害。可通过适时采收、控制好贮藏库温湿度、防止果实表面结露或用 2%~4% 氯化钙浸果等措施加以防控。

(2)真菌性病害的防治

①炭疽病　炭疽病又名苦腐病,主要危害果实,也是贮藏期主要病害。其特征是果面呈淡褐色圆形病斑,并逐渐从果皮向果实内部呈漏斗状腐烂;果肉变褐色,有轻微苦味。病斑表面凹陷,从病斑中心向外生成同心轮纹状排列的黑色小点。苹果在采前喷洒

500～1 000 毫克/千克的苯来特,或甲基硫菌灵,或噻苯咪唑,或多菌灵等防治效果较好;或用多功能保鲜纸包果,同时贮藏期适当降低同期温度,采用气调贮藏,适当提高二氧化碳浓度降低氧浓度也可起到较好的防治作用。

②轮纹病　果实起初以皮孔为中心发生水浸状褐色斑点,渐次扩大,表面呈暗红褐色,有清晰的同心轮纹。自病斑中心起,表皮下逐渐产生散生的黑色点粒。病果往往迅速软化腐败,流出茶褐色汁液,但果皮不凹陷、果形不变,这是与炭疽病的区别之处。苹果轮纹病的防治,除在加强栽培管理,增强树势,提高树体抗病能力的基础上,采取以铲除枝干上的菌源和生长期喷药保护为重点综合防治外,化学药剂防治是关键措施。因此,采前喷 1～2 次内吸性杀菌剂,可降低果实带菌率;采后用仲丁胺 200 倍液浸果 1 分钟后贮藏,也可降低其发病率。另外,低温贮藏也是防治该病的一项重要措施。

③青霉病　发病初期病斑呈黄色,下陷呈近圆形,果肉软腐组织解体、湿软,腐烂果有特殊的霉味。防止采收、运输中的各种机械损伤,拣出病虫果和机械伤果不作长期贮藏是防治青霉病的关键措施。贮藏前用 1 000～2 500 毫克/千克噻苯咪唑,或用 500～1 000毫克/千克的苯来特或甲基硫菌灵等药液浸泡果实,对青霉病的防治效果也很好;控制乙醛气在空气中的浓度为 0.5%、1%、2%,并分别处理果实 3 小时、2 小时、1 小时,对防治该病均可起到良好的效果。

④霉腐病　果实从心室开始受害,并逐渐向外扩展霉烂。病果果心变褐,充满灰色或粉红色霉状物。当果心霉烂发展严重时,果实梗部可见水渍状不规则的湿腐斑块,最后全果腐烂,果肉味苦。早春芽前全树喷施 1～3 波美度的石硫合剂,花前花后喷施几次杀菌剂对苹果霉腐病均有较好的防治作用;贮藏期温度保持在0.5℃～1℃,空气相对湿度在 90% 左右,可防止该病扩展蔓延。